COLLEZIONE ASTROFISICA

COME STELLE DONO ALL'UNIVERSO

TOMO I

JOSÉ RUIZ WATZECK

Riepilogo

Riprendere

Poiché le stelle sono una delle entità più affascinanti dell'universo, e dopo i tempi antichi, si tratta di un oggetto di studio e ammirazione. Con l'avvento della tecnologia moderna, siamo in grado di scoprire e comprendere meglio la natura di queste entità cosmiche, che sono i mattoni fondamentali dell'universo.

In questo libro esploreremo le principali stelle conosciute nell'universo, che presentano dimensioni inimmaginabili e sfidano la nostra comprensione della fisica stellare. Siete stelle che variano per dimensioni, luminosità ed età e offrono una visione unica dell'evoluzione e della dinamica dell'universo.

La formazione di un enorme gigante inizia con il collasso gravitazionale di un nuvem molecolare di gas e poesia. À medida que a nuvem se contrai, a temperature ea densidade in seu nucleo aumentam até que corra a nuclear ignição, dando l'inizio di una fusione di idrogeno in hélio. Un'energia liberata da questo processo sostiene l'estremo che entra in un equilibrio idrostatico tra la forza di gravità e la pressione della radiazione.

Tuttavia, in quanto star maggiore, seguo un diverso percorso evolutivo verso l'universo. Poiché la massa del Sole è maggiore di quella del Sole, consuma più combustibile del combustibile nucleare più rapidamente. Di conseguenza, la sua vita utile è significativamente più breve e la sua destinazione finale è molto diversa.

Nel medio che si trova all'incirca al termine della sua vita, è sopravvissuta una serie di esplosioni termonucleari che culminano in una supernova. Questo libera un'incredibile quantità di energia che può essere sollevata da oggetti stellari compatti, come buchi neri o stelle di neutroni.

La struttura interna di una stella gigante è influenzata dalla sua massa, temperatura ed età. À medida que a estrela envelhece, ela se expande e esfria, risultando in uma atmosfera cada vez mais rarefeita e um nucleo cada vez mais denso.

Come estrelas gigantes sono noti per la loro elevata luminosità, che è una misura della quantità di energia che emettono. Ciò si verifica perché questi ultimi sono un tasso di fusione nucleare molto alto nel suo nucleo, o che risulta nella liberazione di enormi quantità di energia in forma di radiazione elettromagnetica. Alcune di queste stelle possono emettere più di un milione di miglia dal Sole.

Poiché le stelle giganti hanno implicazioni significative nell'evoluzione dell'universo, le stelle sono responsabili della produzione di elementi pesanti, come il ferro, che sono essenziali per la formazione dei pianeti e della vita. Inoltre, un'esplosione di una supernova può provocare la formazione di nuove stelle e sistemi planetari.

Nel frattempo, mentre le stelle giganti possono anche rappresentare un pericolo per la vita nell'universo, l'esplosione di una supernova può essere estremamente distruttiva e può scomparire come forma di vita in un sistema stellare prossimo.

Le misurazioni astronomiche vengono utilizzate per studiare gli oggetti celesti e per comprendere l'universo. Queste misurazioni vengono effettuate utilizzando unità speciali per quantificare distanze, dimensioni, masse e altre proprietà dei corpi celesti.

Alcune delle unità più comuni utilizzate in astronomia includono: Unità astronomica (UA): utilizzata per misurare le distanze all'interno del sistema solare, corrispondenti alla distanza media tra la Terra e il Sole, circa 150 milioni di chilometri.

Ano-luz (AL): utilizzato per misurare le distanze al di fuori del sistema solare, corrispondenti alla distanza percorsa da una luce in un anno, pari a 9,5 trilioni di chilometri.

Parsec (pc): outra unidade de medida de distance fora do sistema solar,corrispondendo a distanza em que uma estrela teria uma paralaxe de um segundo de arco, o que rappresena 3.2 AL (ano luz). Possiamo applicare anche a distanze superiori, una media di megaparsec eo gigaparsec, conto, assunta per un prossimo libro.

Magnitudine apparente: utilizzata per misurare la luminosità di due oggetti celesti, con numeri più piccoli che indicano una maggiore luminosità.
Magnitudine assoluta: utilizzata per misurare la luminosità intrinseca di un oggetto celeste, regolandone la magnitudine apparente in base alla sua distanza.

Radian (rad): usada para medir angsols no céu, corrispondente a ao angsol central subtendido por um arco de um longitud igual ao raio da circunferência.
Queste misurazioni astronomiche sono essenziali per l'indagine e la comprensione dell'universo e sono utilizzate

in diverse aree dell'astronomia, come l'astrofisica, l'astrobiologia e la cosmologia.

Per concludere, le stelle sono veri e propri giganti cosmici che sfidano la nostra comprensione dell'universo. Le loro dimensioni, luminosità ed evoluzione presentano una serie di sfide uniche per la fisica stellare e per la nostra comprensione delle dinamiche dell'universo. Inoltre, queste stelle hanno implicazioni significative per l'evoluzione dell'universo e possono svolgere un ruolo cruciale nella formazione dei pianeti e della vita. Questo libro offre una visione dettagliata e accessibile di questi straordinari fenomeni celesti e della loro importanza per la nostra comprensione dell'universo.

O SOLE

Em relation a todos os corpos do nosso sistema solar como, comete, polvere stellare, asteroidi, pianeti, satelliti naturali e così via..., l'orbita di questa stella. Classificato come uma anã amarela,responsabile del 99,86%massafare il Sistema Solare, il Sole possiede una massa 332.900 volte maggiore di quella dataTerra, da ovolumeé 1,3 milhões de vezes maior do que o do nosso planeta. La distanza dalla Terra al Sole è di circa 150 milionichilometrio 1unità astronomica(UA). Esta distanza varia ao longo do ano, de um minimo de 147.1 milhões de kilometres (0.9833 UA), no periélio[1], un massimo di 152,1 milioni di chilometri (1.017 AU), nafelio[2](e succede che mi rivolgo a Dio4 luglio).

---

[1] Emastronomia, o periélio (ou perélio), que vem de peri (à volta, perto) e hélio (Sol), é o ponto daorbitadi um corpo, seja elepianeta,il pianeta,asteroidetucometa, che è più vicino a fareSol. Quando un corpo si trova al perielio, sia preso da uno più grandevelocitàDitraduzioneda tutta la sua orbita. Quando il corpo in questo estater orbitando qualquer altro oggetto celeste che non o Sol, usa il nome genericoperiastroessere pronti a identificare il ponte.

[2]Afelioé o ponto daorbitaem que umpianetaehmil corpo minore del sistema solareestá mais afartado doSol. Quando si tratta di un oggetto che orbita attorno a una stella che non è il Sole, si chiama ponteapostata. Le orbite di tutti i pianeti sono sempre le stesseellittico, tendo sempre a un pontone più distante (afélio) da un pontone più vicino (perielio).

Una luce solare impiega circa 500 secondi, ovvero 8 minuti e 34 secondi per raggiungere la Terra, la sua composizione primaria è il 74% della sua massa ovvero il 91% del suo volume, è costituita da idrogeno, il 24% della sua massa ovvero il 7% del suo volume volume, é constituto por hélio e os deimas elementos sendo em torno de 2% do seu volume, constitu-se em ; calcio, cromo, zolfo, ferro, neon, nichel, ossigeno e silicio. La sua classe spettrale è nota come G2V,la sua temperatura varia a seconda della sua struttura. Il nucleo, che corrisponde alla porzione centrale della struttura solare, è anche il più caldo della sua regione. Non è ciò che accade dal processo di fusione degli atomi di idrogeno, con conseguente formazione di elio. Una fusione nucleare è responsabile della generazione di calore propagato per altri strati. Pertanto, la temperatura del nucleo del Sole raggiunge i 15,7 milioni di gradi Celsius. Sulla superficie solare, che si chiama fotosfera, la temperatura è molto inferiore a quella del nucleo, raggiungendo i 5.500 °C. Una zona convettiva, che consiste in uma camada intermediária, presenta temperature di até dois milhões de graus Celsius ou5.780 gradi Kelvin[3]ou 5.780K onde sua

---

[3] unitàDo dalla baseSistema internazionale di unità(SI) prepara una grandezatemperatura termodinamica. O kelvin è una frazione 1/273.16 della temperatura termodinamica dotriplo ponteDareacqua,

original cor é branca, embora aqui na Terra se veja na cor amarela, alaranjado e as vezes avermelhado quando no horizonte.L'origine del Sole è associata al collasso gravitazionale della nebulosa solare, un numero formato da pesci e gas, il cui processo ha avuto inizio circa 4,5 miliardi di anni, che corrisponde all'età del Sole.

---

ou seja, é definito de tal modo que o ponto triple da água é esattamente 273.16 K

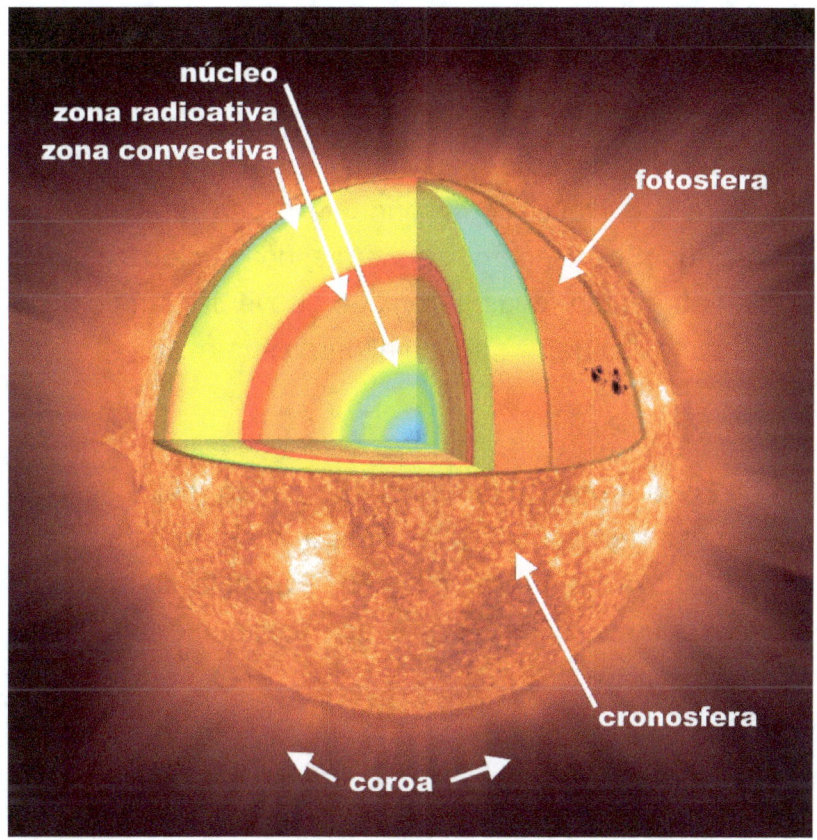

núcleo
zona radioativa
zona convectiva
fotosfera
cronosfera
coroa

Indica schematicamente ciascuno dei sei strati che formano il Sole.

- **Nucleo:**corrispondere a camada mais interior do Sol Ele possui vicino de mil vezes o tamanho da Terra, alem de ser também più denso di que o nosso planeta. Come abbiamo visto in precedenza, non è il nucleo del Sole che avviene come reazioni nucleari responsabili della produzione di atomi di elio. Come risultato di questo processo, c'è un'emissione di luce e generazione di calore.

- **La zona radiativa:**é uma extensa camada que envelopa o nucleus, corrispondente a una quasi metade do raio do Sol. L'energia generata dal nucleo solare si irradia attraverso questa regione, dove la temperatura scende sensibilmente rispetto al primo strato.

- **Zona convettiva:**anche la camera della zona di convezione corrisponde alla camera posizionata sopra la zona radiativa Nela, l'energia viene trasferita da meio das correnti di convezione formate dal movimento dei gas ad alte temperature.

- **Fotosfera:**corrispondono alla superficie del Sole Con l'ausilio di opportuni strumenti è possibile osservare le colonne termiche che salgono dalla zona convettiva parallela alla fotosfera, che si presentano sotto forma di granuli. Si osservano anche macchie scure dal nome di macchie solari.

- **Cromosfera:**Componi l'atmosfera solare, dai il logo sopra la fotosfera. Ha un nucleo roseo dalle temperature più basse, intorno ai 4.700 °C. Getti gassosi vengono emessi verso la corona.

- **Corona:**lo strato più esterno dà l'atmosfera solare. A coroa é muito mais quente do que as camadas inferiores a ela, raggiungendo a 2 milhões de graus Celsius nas aree mais distante da surface. Ela consiste in una regione muito extensa, di milioni di chilometri, formata da gas in movimento. La sua velocità è variabile e può raggiungere i 400 km/s. Qui è dove si formano i venti solari.

Il Sole non esiste su una superficie solida, e per questo motivo è difficile determinare quanti giorni occorrono per completare la sua rotazione. Si stima che, sulla sua linea equatoriale, il suo movimento richieda 25 giorni terrestri, e dai poli sia più ritardato, 36 giorni terrestri.

O ciclo di vita do il sole

Evoluzione stellareé medida in due maniras: atraves da presente idade daseguente, che è determinato attraversomodellazione computazionalesull'evoluzione stellare; enucleocosmocronologia[4]. A idade medida

---

[4] La tecnica utilizzata per preparare è stimata dall'età degli oggetti

attravers destes procedure está de accordo com aetà radiometrica[5]do material mais antigo encontrato no Sistema Solar, que possui 4,567 miliardi de anos.

O Sol está approssimativamente na metade da sequencia principal, periodo onde o qual fusão nucleare fusiona hidrogênio in hélio. Ogni secondo, più di 4 milioni di tonnellate di materia vengono convertite in energia all'interno del centro solare, producendo neutrini e radiazioni solari. A questa velocità, il Sole ha convertito circa 100 masse terrestri da massa a energia, dalla sua formazione ad oggi. O Sol ficará na sequencia principal por cerca de 10 milhãos (10 mil milhões) de anos.In prossimità di 5 miliardi di anni, o hidrojênio no nucleo solar eludará. Quando ciò accadrà, il Sole entrerà in contrazione a causa della sua stessa gravità, innalzando la temperatura del nucleo solare a 100 milioni di kelvin, sufficienti per avviare unfusione nucleare dell'elio, producendocarbonio, inserendo na fase doramo gigante asintotico.

---

dagli eventiastrofisici. Questa tecnica impiega un'abbondanza di nuclei radioattivi, comeuranioetorio, simile a quello che uso docarbonio-14n / adatação de carbono.

[5] Determinazione dell'idea di un oggetto a partire dalle sostanzeradioattivoNon do i prodotti dei regalidecadimento radioattivo

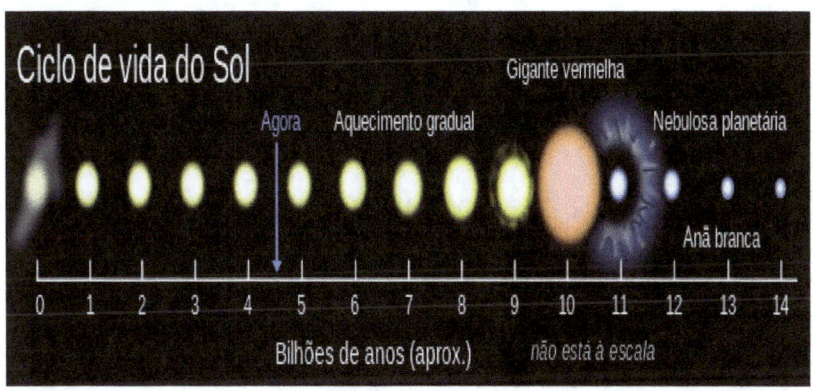

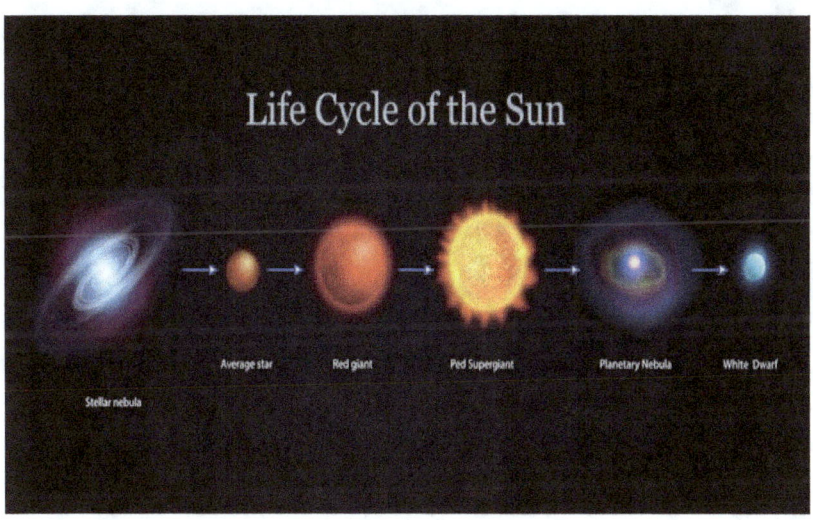

Una produzione di energia solare

Una fusione di idrogenio si verifica principalmente segundo uma chain de reações chamada decatena protone-protone:

$$4\ {}^1H \rightarrow 2\ {}^2H + 2\ e^+ + 2\ v_e (4,0\ \text{MeV} + 1,0\ \text{MeV})$$

$$2\ {}^1H + 2\ {}^2H \rightarrow 2{}^3He + 2\ \gamma\ (5,5\ \text{MeV})$$

$$2{}^3Lui \rightarrow {}^4Lui + 2\ {}^1H\ (12,9\ \text{MeV})$$

Queste reazioni possono essere riassunte secondo la seguente formula:

$$4{}^1H \rightarrow {}^4Lui + 2\ e^+ + 2\ v_e + 2\ \gamma\ (26,7\ \text{MeV})$$

Il Sole ha circa 8,9 x 1056 nuclei di idrogeno (protoni livres), con una catena protone-protone che si verifica 9,2 x 1037 volte al secondo in un nucleo solare. Visto che questa reazione utilizza quattro protoni, circa 3,7 x 1038 protoni (o 6,2 x 1011 kg) vengono convertiti in nuclei di elio al secondo.[Esta reação converte 0.7% da massa fundida in energia, e como consunciata, circa 4.26 milhões de tonías métricas por segundo são convertidos in 383 yotta-watt (3.83 x 1026 W), o 9.15 x 1010 megatoni diTNTde energia por segundo, segundo a equação de massa-energia$E=mc^2$DiAlberto Einstein.

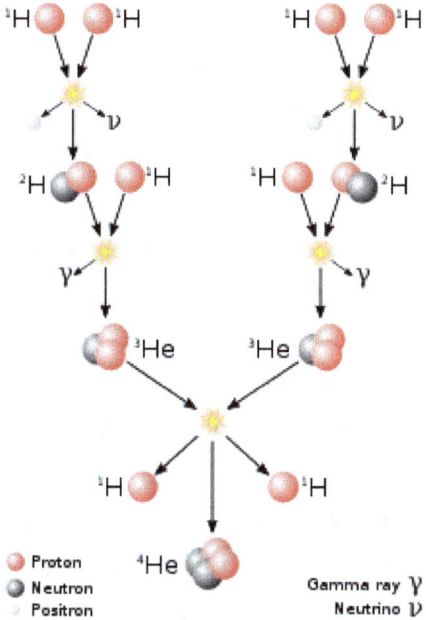

Dai il diagrammacatena protone-protone, o ciclo difusione nucleareche, per la maggior parte, dà energia al Sole

Una densità di potenza è di circa 194 µW/kg di materia, e sebbene la fusione avvenga in un nucleo solare relativamente piccolo, la densità del plasma nella regione del nido è 150 volte maggiore. In confronto, il calore prodotto dai capelli del corpo umano è di 1,3 W/kg, circa 600 volte maggiore di quello del Sole, per unità di massa.

Mesmo tomando em comprarre apenas o nucleus solar, com densidades 150 vezes maior do que a densidade média da estrela, o Sol produz relativamente pouca energia, a uma taxa de 0.272 W/m³. Sorprendentemente, questa potenza è molto inferiore a quella generata da una vela in fiamme. L'utilizzo del plasma sulla Terra con parametri simili al nucleo solare è impossibile, anche un modesto impianto da 1 GW richiederebbe circa 5 miliardi (5 milioni) di tonnellate di plasma.

Un taxa di fusione nucleare dipende molto dalla densità e dalla temperatura del nucleo: uma taxa um pouco mais alta de fusão faz com que o nucleo acqueça, expandindo as camadas externales do Sol, e consominido, diminindo a presión gravitacional exercida pelas camadas externales do Sol, e consominido, diminindo a presión gravitacional exercida pelas camadas externas that taxa di fusione Con una diminuzione del taxa di fusione, poiché gli strati esterni si contraevano, aumentando la loro pressione contro il nucleo solare, che di nuovo aumenterebbe il taxa di fusione facendo un ciclo ripetitivo.

I fotoni ad alta energia (raggi gamma) generati dalla fusione nucleare vengono assorbiti dai nuclei presenti nel plasma solare e riemessi nuovamente in direzione casuale, questa volta con minore energia. Dopo che sono stati nuovamente assorbiti, il ciclo si ripete. Di conseguenza, a radiação gerada pela fusão nuclear no nucleo solar demora muito tempo para chega à surface.

Le stime del tempo del viaggio variano tra 10 e 170 mila anni.

Dopo aver attraversato lo strato di convezione sulla superficie "trasparente" della fotosfera, i fotoni sfuggono come luce visibile. Ogni radiogama senza nucleo solare è convertita in vari milioni di fotoni visivi prima di scappare nello spazio. Anche i neutrini sono generati dalla fusione nucleare nel nucleo, ma a differenza dei fotoni, raramente interagiscono con la materia. Per la maggior parte, i neutrini prodotti finiscono per fuoriuscire immediatamente dal Sole. Per vari anni, la media del numero di neutrini prodotti dal Sole era tre volte più bassa del previsto. Questo problema è stato risolto di recente con una scoperta di due effetti sull'oscillazione dei neutrini.

Alpha Centauri

La stella Alpha Centauri è un sistema stellare triplo situato a circa 4,37 anni luce dalla Terra, nella costellazione di Centauri. É a estrela mais próxima do nosso sistema solare, e pode ser vista a olho nu no hemisfério sul

Il sistema è composto da tre stelle: Alpha Centauri A, Alpha Centauri B e Próxima Centauri. Alpha Centauri A e B orbitano uma em torno da outra, formando un sistema binario, mentre Próxima Centauri è più distante dall'orbita della coppia centrale.
Alpha Centauri A è la stella più brillante del sistema, con una massa leggermente maggiore del Sole, mentre Alpha Centauri B è un po' più piccola e più fredda. Il prossimo centauro è una piccola stella rossa, circa un ottavo della massa del sole.

Ha molto interesse in Alpha Centauri come un destino potenziale per un'esplorazione spaziale e una ricerca per la vita extraterrestre, perché è più vicina al nostro sistema solare. Sono in programma varie missioni e iniziative per studiare più da vicino questo sistema stellare.

Ognuna di queste stelle ha le sue caratteristiche fisiche e chimiche distinte.

Alpha Centauri A è una stella giallo-bianca con una massa di circa 1,1 volte la massa del Sole, un raggio di circa 1,22 volte il raggio solare e una temperatura di circa 5.800 Kelvin. La sua luminosità è circa 1,5 volte quella del Sole.

Alpha Centauri B è una stella gialla con una massa di circa 0,9 volte la massa del Sole, un raggio di circa 0,86 volte il raggio solare e una temperatura di circa 5.300 Kelvin. La sua luminosità è circa 0,5 volte quella del Sole.

Próxima Centauri è una stella nana rossa con una massa di circa 0,12 volte la massa del Sole, un raggio di circa 0,14 volte il raggio solare e una temperatura di circa 3.000 Kelvin. La sua luminosità è circa 0,0015 volte quella del Sole.

In relazione alla composizione chimica, poiché le tre stelle sono composte principalmente da idrogenio ed elio, con tracce di altri elementi, come carbonio, ossigeno, nitrogênio, ferro e altri metais. Un'analisi della luce emessa dalle stelle consente agli scienziati di determinare la composizione chimica e altre proprietà fisiche di questi oggetti celesti.

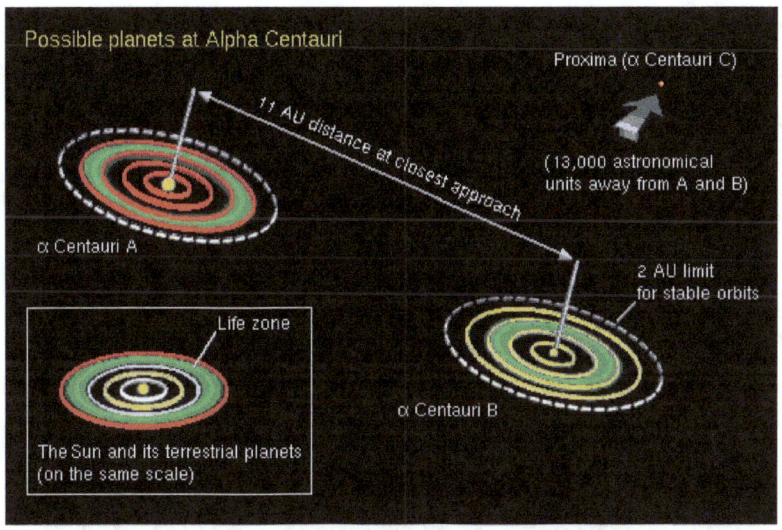

La distanza tra Alpha Centauri A e Alpha Centauri B varia per un lungo periodo di tempo, a causa della sua orbita ellittica attorno al suo comune centro di massa. Questa distanza varia da circa 11 unità astronomiche (UA) al periastro (il ponte più vicino all'orbita) a circa 35 UA all'apoastro (il ponte più lontano dall'orbita). In media, la distanza tra due stelle è di circa 23,7 UA.

La distanza tra Alpha Centauri A e Próxima Centauri è di circa 13.000 UA, o circa 4,24 anni luce. La distanza tra Alpha Centauri B e Próxima Centauri è di circa 12.900 UA, ovvero circa 4,22 anni luce.

In sintesi, poiché le stelle del sistema Alpha Centauri sono relativamente vicine a umas das outras, in comprásional com outras estrelas do universo, mas ainda estão molto distante per serem encroachadas com as tecnologies atuais.

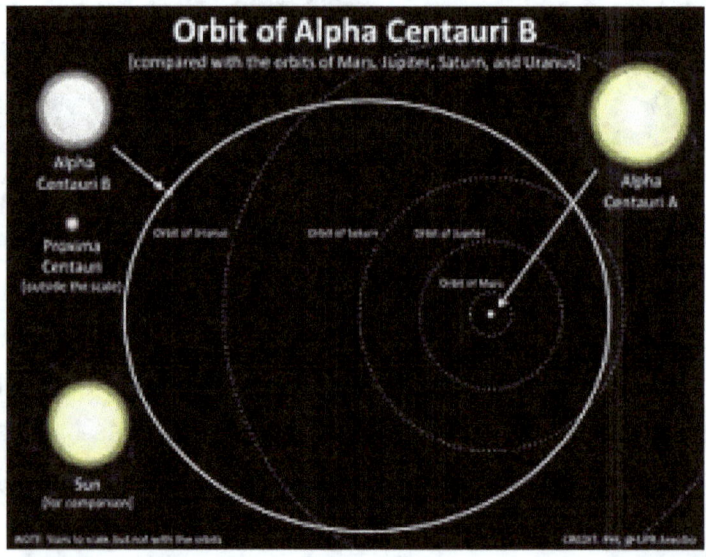

Al momento, alcuni pianeti sono stati scoperti in orbita attorno a stelle nel sistema Alpha Centauri, ma nessuno di loro orbita direttamente come stelle Alpha Centauri A o B, che formano un sistema binario.

Il primo pianeta scoperto nel sistema Alpha Centauri foi Próxima b, nel 2016, che orbita attorno alla stella Próxima

Centauri in un'orbita molto stretta, con un periodo orbitale di circa 11,2 giorni. Il prossimo b è un pianeta roccioso con una massa simile all'orbita terrestre e una zona abitabile, il che significa che può avere acqua liquida sulla sua superficie. Non importa, anche se non si sa se il pianeta ha un'atmosfera adeguata per sostenere la vita.

Nel 2017 è stato scoperto un altro pianeta in orbita attorno alla stella Alpha Centauri B, ma la sua esistenza non è stata ancora confermata da altri osservatori e sono necessarie ulteriori ricerche per confermarne la presenza.

Oltre a questi due pianeti, sono in corso diverse iniziative per trovare altri pianeti nel sistema Alpha Centauri, tra cui il progetto "Breakthrough Starshot", che propone di inviare una flotta di sonde spaziali ultraveloci per studiare il sistema vicino. Con questi sforzi, è possibile che in futuro vengano scoperti altri pianeti nel sistema Alpha Centauri.

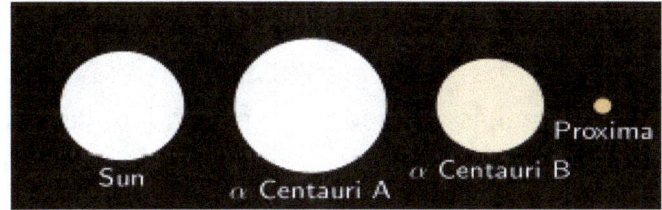

Tamanho e cor dos componentes de Alpha Centauri appaiono in scala comparata con o Sol

Sirio

Sirius è una stella binaria situata nella costellazione di Cao Major. É a estrela mais brillante do céu noturno, con una magnitudine apparente di -1,46. Una stella principale, nota come Sirio A, è una stella principale del tipo spettrale A1V, mentre una compagna, nota come Sirio B, è un ramo estremamente denso. La distanza da Sirio alla Terra è di circa 8,6 anni luce, tornando a una delle stelle più vicine a noi, in termini di chilometri, questa distanza equivale a circa 8,1 trilioni di chilometri (8,1 x 10^12 km).

Questa distanza è relativamente vicina in termini astronomici, rendendo Sirius uma das estrelas più vicino al nostro sistema solare. La vicinanza di Sirio ha permesso agli astronomi di studiare e osservare la stella con dettaglio e precisione, utilizzando diverse tecniche di osservazione, come la spettroscopia, la fotometria e l'interferometria.

Inoltre, Sirius ha una grande importanza storica e culturale in muitas sociedades ao redor do mundo, compresa l'antica cultura egizia e la cultura indigena Dogon, che possiedono leggende e miti sulla stella.

La composizione chimica e fisica di Sirio A, la stella principale del sistema binario, è ben nota agli astronomi e agli scienziati. Sulla base di osservazioni spettroscopiche, si ritiene che la composizione chimica di Sirio A sia simile a quella del Sole, composta principalmente da idrogeno (circa il 71% della massa) ed elio (circa il 27% della massa), con tracce di altri elementi pesanti, come ossigeno, carbonio, ferro, azoto e altri.

Dal punto di vista fisico, Sirio A è una stella di classe A1V, con una temperatura superficiale stimata di circa 9.940 Kelvin e una massa approssimativa di 2,02 masse solari. La sua luminosità è circa 25 volte maggiore di quella del Sole e la sua età è stimata in circa 230 milioni di anni. È un'estremamente molto estável ed è nella fase principale della sua evoluzione estelar, convertendo hidrogênio in hélio nel suo nucleo attraverso le reazioni di fusione nucleare.

Já Sirius B, l'estrema compagna del sistema binario, è un'altra branca estremamente densa e quente, con una massa approssimativa di 0,6 masse solari e un raggio stimato a malapena 0,0085 volte o raggio del sole. La sua temperatura superficiale è stimata intorno ai 25.200 Kelvin, tornando a una delle stelle più conosciute. Si ritiene che Sirio B sia il nucleo esposto di una stella gigante che ha perso la sua atmosfera esterna in una fase precedente della sua evoluzione. La distanza orbitale tra le due stelle è di circa 20 unità astronomiche (AU).

Composta da due stelle che orbitano intorno a un centro di massa comune, devido à forza gravitazionale che si trova tra loro, una stella principale, Sirius A, tem uma massa maior do que una stella compagna, Sirius B, e, portanto, o centro La massa del sistema binario è più vicina a Sirius A

A orbit de Sirius B em torno de Sirius A é muito pequena em confronto com a orbit da Terra em torno do Sol. Secondo le osservazioni, la distanza media tra due stelle è di circa 20 unità astronomiche (UA) e il periodo orbitale è di circa 50,1 anni. L'eccentricità dell'orbita è molto bassa, il che significa che la distanza tra le stelle non varia molto durante l'orbita.

Un'interazione gravitazionale entre as duas estrelas tem efeitos observáveis, como um deslocamento periodico da posición aparente de Sirius A no céu, noto come movimento proprio. Inoltre, un'orbita di Sirio B è inclinata in relazione alla linea di visione della Terra, che causa variazioni periodiche non brillanti del sistema binario, note come variazioni di velocità radiale. Queste variazioni ci permettono di determinare la massa e altre proprietà delle stelle del sistema binario.

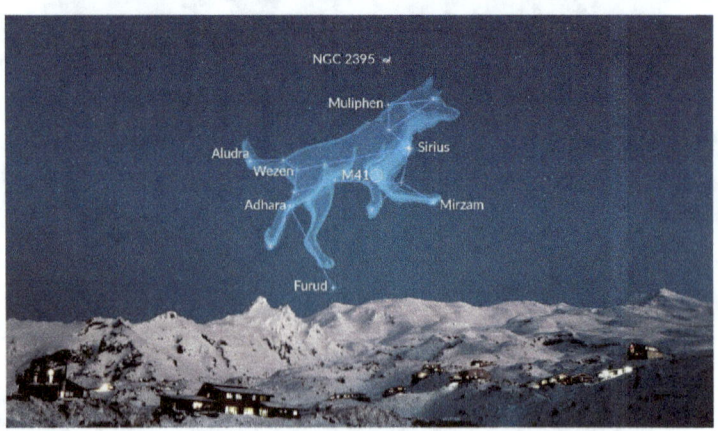

WR 104

La stella WR 104 è un sistema stellare binario situato nella costellazione del Sagittario, a circa 8.000 anni luce dalla Terra. È classificata come stella Wolf-Rayet, un tipo di stella estremamente luminosa e massiccia che sta giungendo alla fine della sua vita.

Un sistema binario è costituito da due stelle che ruotano attorno a un centro di massa comune. Uma das estrelas è uma estrela Wolf-Rayet con una massa di circa 25 volte un do sol, mentre un outra è un estrela minore, ma più massiccio, con una massa di circa 10 volte un do sol.

Una delle caratteristiche più interessanti di WR 104 è la presenza di un nuvem de poeira que rodeia as estrelas, che si pensa ter sido ejetada do sistema numa fase anterior da sua évolution. Acredita-se questo nuvem de poeira tenha a forma di una spirale o un pião, e potrebbe essere un precursore di una futura esplosione di supernova.

A causa della sua posizione sulla Via Lattea, WR 104 è fortemente oscurato dai capelli interstellari, rendendone difficile lo studio. Tuttavia, continuiamo a osservare il sistema utilizzando diverse tecniche, comprese le osservazioni a infrarossi e raggi X, per saperne di più sulle proprietà e l'evoluzione delle stelle massicce.

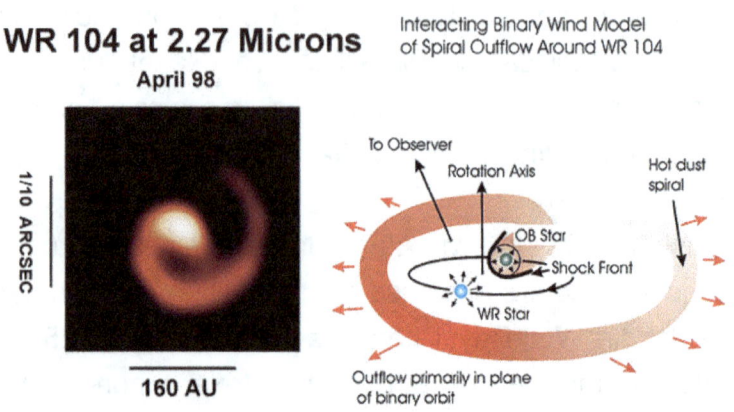

WR 104 at 2.27 Microns
April 98

Interacting Binary Wind Model
of Spiral Outflow Around WR 104

1/10 ARCSEC

160 AU

To Observer
Rotation Axis
Hot dust spiral
OB Star
Shock Front
WR Star
Outflow primarily in plane
of binary orbit

Non ci sono prove scientifiche che WR 104 rappresenti un rischio diretto per la Terra. Anche se è un enorme estrela e instabile, e potrebbe eventualmente esplodere in una supernova, è migliorare che gli effetti dell'esplosione colpiscano la Terra direttamente a causa della sua distanza.

Così, l'esplosione di una supernova prossima potrebbe avere effetti indiretti sulla Terra, come aumentare la radiazione cosmica, causare cambiamenti nel clima e danneggiare la camera dell'ozono. Inoltre, se un nuvem de peira em torno de WR 104 fosse apontada para a Terra, ela potrebbe essere influenzata dall'atmosfera e possibilmente causare una pioggia di meteore.

Tuttavia, è importante notare che la possibilità che si verifichi una supernova in WR 104 è considerata molto bassa e, anche se ciò accade, la probabilità di essere influenzata dalla Terra in modo significativo diminuirà in modo significativo.

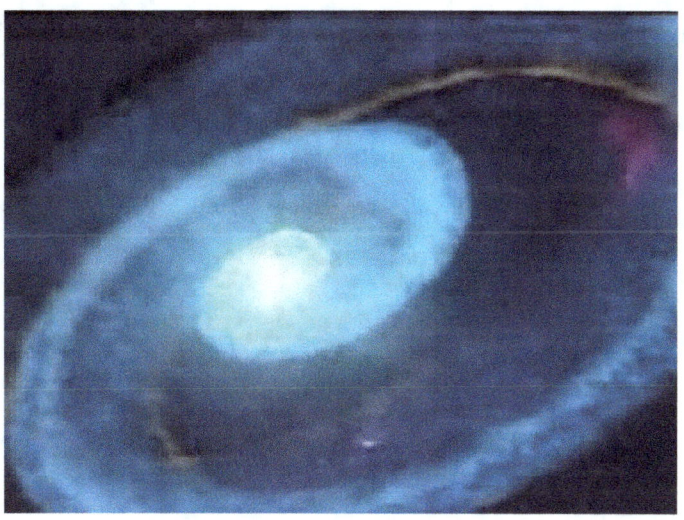

Per essere una stella estremamente massiccia e calda, con una temperatura superficiale stimata tra i 50.000 e i 60.000 gradi Celsius, ha perso gran parte del suo strato esterno di idrogeno ed elio a causa del forte vento stellare, esponendo gli strati interni di elementi più pesanti .

Studi spettroscopici indicano che WR 104 è ricco di elementi pesanti, come carbonio, ossigeno, azoto, silicio e ferro. Inoltre, l'analisi della luce emessa dalla stella suggerisce la presenza di altri elementi, come neon, magnesio, ossigeno e argon.

Anche l'estrela è nota per essere alla ricerca di un numero di poesie, che probabilmente contiene composti organici e prodotti minerari a partire da due elementi pesados emímitos dall'estrela.

Il suo spettro mostra la presenza di una varietà di elementi, e un nuvem de poeira in torno dela contente compos organics and mineras.

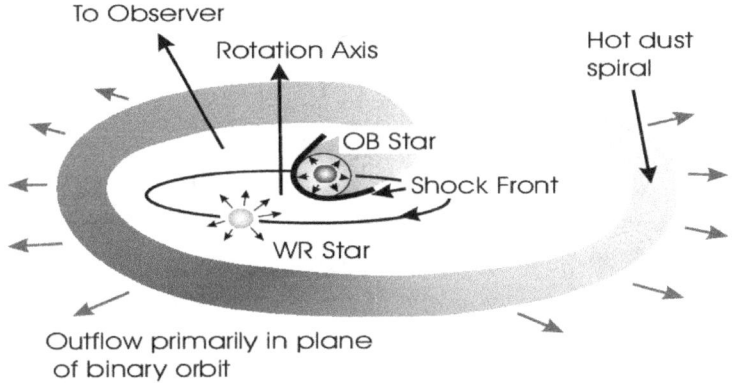

To Observer

Rotation Axis

Hot dust spiral

OB Star

Shock Front

WR Star

Outflow primarily in plane of binary orbit

L'orbita di Estrela WR 104 è complessa, poiché due stelle sono molto vicine tra loro e si influenzano reciprocamente con la loro gravità. A estrela minor e mais massivea orbita em torno da estrela Wolf-Rayet a cada 220 dias, while a distanza entre as duas estrelas varia entre cerca de 10 e 30 vezes a distanza media entre a Terra eo Sol.

Inoltre, l'inclinazione dell'orbita in relazione alla linea di visione da Terra è alta, il che significa che vediamo un sistema di un angolo inclinato che ostacola l'osservazione e l'analisi della correzione dell'orbita.

Zeta di Orione- Alnitak

Alnitak è una stella supergigante blu situata nella costellazione di Orione, a circa 800 anni luce dalla Terra. É uma das estrelas mais brillantes na região de Orion ed é facilitamento visível a olho nu, conosciuto popolarmente come "As três Marias". Faz parte do "Cinturão de Órion", una formação eminente de três estrelas no céu noturno. Alnitak è una stella più orientale del cinturão, mentre altre due stelle sono Alnilam (al centro) e Mintaka (a ovest). Alnitak ha una massa stimata intorno a 30 volte a massa do Sol ed è un'estremamente molto giovane, con una stima appena intorno a 6 milioni di anni.

Alnitak ha una massa stimata vicino a 30 volte la massa del Sole e un diametro stimato vicino a 20 volte o il diametro del Sole. Ciò significa che Alnitak è una stella supergigante blu estremamente grande e brillante, con una dimensione fisica di circa 40 milioni di chilometri (circa 28 volte la distanza tra la Terra e il Sole) e una temperatura superficiale di circa 28.000 gradi Celsius.

Alnilam é uma estrela supergigante azul situata nella costellazione di Orione, assim como Alnitak e Mintaka. La massa stimata è circa 30 volte la massa del Sole e il diametro stimato è circa 36 volte il diametro del Sole. Ciò significa che Alnilam è una stella estremamente grande, con una dimensione fisica di circa 23 milioni di chilometri (circa 16 volte la distanza tra circa 31.000 gradi Celsius. Mintaka è una stella occidentale del Cinturão de Órion, mentre Alnilam è un estrela central do cinturão e Alnitak é un estrela mais orientale

Alnitak, Alnilam e Mintaka sono tutti supergigantes azuis o gigantes azul-brancas, il che significa che possiedono composizioni chimiche e fisiche simili. La composizione chimica di queste stelle è determinata principalmente dalla fusione nucleare che avviene nei loro nuclei, che converte l'idrogeno in elio e produce una varietà di elementi più pesanti attraverso ulteriori reazioni di fusione.

Da studi spettroscopici sappiamo che queste stelle contengono idrogeno, elio e una serie di elementi più pesanti, tra cui carbonio, azoto, ossigeno, neon, magnesio, silicio e ferro. Inoltre, queste stelle contengono anche quantità minori di altri elementi, tra cui sodio, alluminio, calcio e nichel.

In termini di struttura fisica, queste stelle possiedono nuclei densi e caldi, dove avvengono reazioni di fusione nucleare che generano energia che irradiano. Questi nuclei sono circondati da strati di gas ionizzati che formano l'atmosfera delle stelle. La temperatura e la pressione di questi strati diminuiranno nella misura in cui ci allontaniamo dal nucleo, il che porterà alla formazione di diverse zone con diverse proprietà fisiche e chimiche.

Inoltre, queste stelle possiedono anche potenti campi magnetici che possono influenzare le loro atmosfere e produrre fenomeni come venti stellari, esplosioni solari e altre attività magnetiche. In sintesi, come estrelas Alnitak, Alnilam e Mintaka sono oggetti celesti complessi e affascinanti che continuano a sfidare la nostra comprensione scientifica in molti aspetti.

Stelle così massicce come essas têm uma vida muito mais curta do que as estrelas menores, como o Sol. Hanno mangiato il consumo o il combustibile nucleare a uma taxa muito mais rápida, il che significa che hanno mangiato uma vida muito mais curta.

Stima-se que as estrelas Alnitak, Alnilam e Mintaka tenham idades entre 5 e 10 milhões de anos. Questo può sembrare molto, ma in confronto all'idea dell'universo, che è stimato intorno ai 13,8 miliardi di anni, è relativamente giovane. Stima-se que essas estrelas tenham algumas centenados de milles a alguns milhões de anos antes de estaram seu combustibile nucleare ed entram em collaps para se tornam estrelas de neutrons ou buracas negros.

Constelação de Orion, imagem rappresenta un'origine, simbologia e mitologia.

Essas três estrelas não orbitam umas às outras, mas estão em orbitam ao redor do centro da Via Láctea junto com o nosso Sol e bilionas de outras estrelas. Dall'orbita di queste stelle al centro della Via Lattea è influenzata principalmente dalla gravità della galassia e dalla distribuzione della materia nella sua regione.

La velocità orbitale delle stelle sulla cintura di Orion può essere mediata a partire dalla sua velocità radiale che è la velocità in cui si trovano sopra o si avvicinano a noi lungo la linea di visione A partire da queste medie, si stima che le stelle Alnitak, Alnilam e Mintaka si stiano spostando a una velocità di circa 20-30 chilometri al secondo fino al centro di Via Láctea, questo significa che si alzano vicino a 200 milioni di anni per completare uma orbit ao redor da galaxy

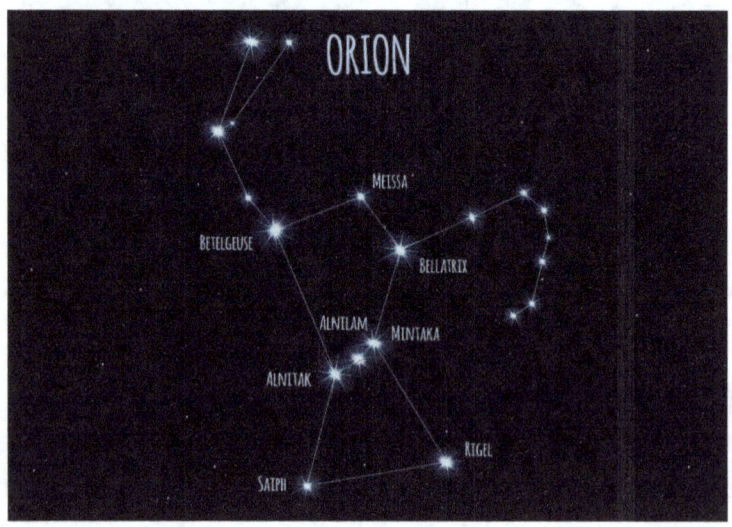

Aldebara

Aldebarã è una gigantesca stella vermelha sulla costellazione del Toro. É una stella mais brillante da costellação ea 13ª stella mais brillante no céu noturno, facilente reconhecível por sua cor avermelhada e sua posición proeminente perto do agglomerado de estrelas das Pleiades.

Una stella ha una magnitudine apparente di 0,85 e una magnitudine assoluta di -0,63, il che significa che è circa 425 volte più luminosa del Sole. Si trova a circa 65 anni luce dalla Terra e ha una massa stimata di circa 1,7 masse solari.

Aldebarã tem sido importante per varie culture ao longo da história, compresi gli antichi persiani, che credevano che una stella fosse una pupilla dell'occhio celeste. Gli arabi lo chiamavano "un seguace", perché sembrava seguire le Pleiadi nel cielo notturno.

A estrela orbita em torno do centro da Via Lactea, assim como o Sol e outras estrelas proximates. Tuttavia, come è comune in astronomia, l'orbita di Aldebaran è più facilmente descritta in termini di relazione con il sistema solare, poiché è la stessa che osserviamo dalla Terra.

Aldebarã non fa parte del sistema solare, ma si trova a una distanza di 65 anni luce dalla Terra. Si muove attraverso lo spazio con una velocità media di circa 50 km/s in relazione al Sole. La sua orbita al rosso della Via

Láctea è molto più ampia e più lenta, levando circa 625 milioni di anni per completare un'unica volta al centro galattico. Conhecida por ter uma companheira binária próxima, embora esta seja muito mais fraca e difícil de observar. Una stella compagna orbita attorno ad Aldebaran con un periodo di circa 600 anni e si trova a una distanza media di circa 1,5 miliardi di chilometri dalla stella principale.

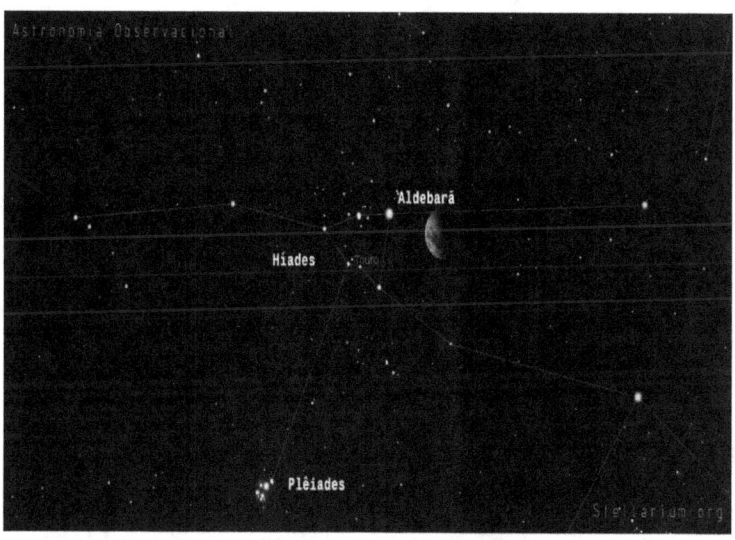

La sua temperatura effettiva è di circa 3.900 gradi Celsius, che è molto più fredda della temperatura del Sole, che è di circa 5.500 gradi Celsius. Di conseguenza, Aldebaran emette gran parte della sua luce infrarossa.

Chimicamente, è composto principalmente da idrogeno ed elio, come la maggior parte delle stelle. Tuttavia, contiene anche quantità significative di altri elementi, come carbonio, ossigeno e azoto, questi elementi vengono creati nella stella attraverso reazioni nucleari che avvengono nel nucleo e negli strati esterni.

À medida que Aldebarã envelhece, ela passa por uma série de transformações na sua estrutura interna, estudando o hidrogênio in seu núcleo e comênciado a queimar hélio, se expandindo e se turando mais fria in um processo connocio come gigante vermelha. Man mano che l'elio si esaurisce, la stella continuerà ad evolversi ed espandersi ancora di più, espellendo infine i suoi strati esterni e formando una nebulosa planetaria.

Alcune curiosità sobre este corpo celeste é que na cultura popular occidental moderna, Aldebarã é frequentemente citato in músicas, films e livros como uma referencia poética ao céu noturno e à natureza cósmica do universo. Nella serie di fantascienza "Star Trek", Aldebarã è menzionata più volte come un'importante località della galassia. Ad esempio, un equipaggio della USS Enterprise visita il pianeta Aldebarã III in un episodio da série original e por fim, na mitologia persa era considerata una "pupila do olho celestial" e uma das quatro estrelas reais associados aos quatro elementos da natureza. Aldebara rappresentava l'elemento fuoco.

Croce Gamma

A estrela Gamma Crucis, nota anche come Gacrux, è una delle stelle più luminose della costellazione del Cruzeiro do Sul, situata nell'emisfero australe. É uma das quatro estrelas que formam o famoso asterismo do Cruzeiro do Sul, que é um dos symbolos mais icônicos do céu noturno austral

Gacrux è una stella gigante rossa di classe M, con una temperatura superficiale di circa 3.500 Kelvin. È una stella variabile di tipo LC, il che significa che la sua luminosità varia leggermente per un lungo periodo di tempo. La sua magnitudine apparente varia tra 1,59 e 1,66, il che lo rende facilmente visibile ad occhio nudo nelle aree urbane con cieli inquinati.

Con una massa stimata in circa 1,5 volte la massa del Sole e un diametro circa 120 volte il diametro del Sole, Gacrux è una stella molto grande. La sua luminosità è circa 1.500 volte quella del Sole, il che la rende una delle stelle più brillanti conosciute nell'Universo.

Gacrux è relativamente giovane, con un'età stimata di 25 milioni di anni. Sebbene sia relativamente vicino alla Terra in termini astronomici, una distanza di circa 88 anni luce, non sa molto dei suoi sistemi planetari o esopianeti. Non

entanto, la scoperta di pianeti em torno de outras estrelas de classe M sugere que Gacrux pode ter pelo menos um sistema planetário em sua orbita.

Gacrux è una stella importante per gli indigeni dell'Australia, conosciuta come "Gnokan Danna" o "Guardiano della Porta do Céu". È una delle più grandi sacre del céu noturno australiano e perpetua una carta importante in molte storie e miti aborigeni.

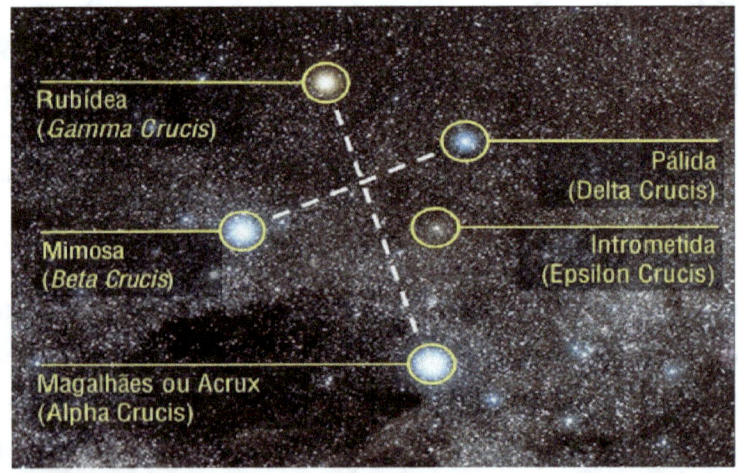

In termini di struttura interna, Gacrux ha un nucleo circondato da uno strato di idrogeno ionizzato, seguito da uno strato di elio ionizzato e, infine, da uno strato di idrogeno neutro. Lo strato esterno della stella è composto principalmente da gas e polvere, che vengono espulsi dalla sua superficie durante l'evoluzione stellare.

Una Gacrux è una stella di piccola massa, il che significa che la sua struttura interna è diversa da quella delle stelle più massicce. A energia é gerada principalmente pela fusão do hidrogênio in hélio no núcleo da estrela, ea convecção é responsabile per transportar essa energia para a superficie. La convezione è un processo in cui il gas tende a sollevarsi in superficie, mentre il gas più freddo è diretto al nucleo.

In sintesi, Gacrux è una stella di classe M con una composizione chimica semplice, composta principalmente da idrogeno ed elio. La sua struttura interna è diversa da quella delle stelle più massicce, con l'energia generata principalmente dalla fusione di idrogeno ed elio, non dal nucleo e trasportata in superficie per convezione.

Gacrux orbita intorno al centro della Via Lactea, una galassia a spirale che incontra il nostro sistema solare. La sua orbita è determinata dalla gravità esercitata da altri oggetti nella galassia, tra cui stelle, nubi di gas e polvere e materia oscura.

In accordo con le osservazioni astronomiche, Gacrux ha una velocità radiale rispetto al Sole di circa -19,7 km/s, il che significa che si sta allontanando da noi a questa velocità. La sua velocità spaziale è stimata in circa 22 km/s, il che indica che si sta muovendo in un'orbita eccentrica attorno al centro della Via Lattea.

Una posizione da Gacrux non céu muda gradualmente ao longo do tempo, devido ao suo movimento in torno al centro della galassia. A trajetória completa da estrela in torno do centro da Via Láctea, leva vicino de 250 milhões de anos para ser conclucida, o que é connociado como il suo periodo orbitale.

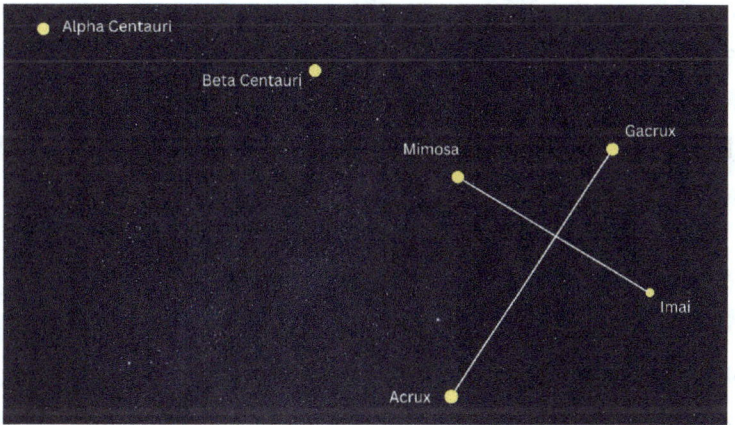

A causa della sua relativa vicinanza, Gacrux è spesso usato come riferimento per misurare le distanze di altre stelle e oggetti celesti nella galassia.

Fato curioso sono gli studi di est estrela e degli altri prossimi, importanti per comprendere la formazione, l'evoluzione e la composizione delle stelle nella nostra galassia.

Eta Carinae

Eta Carinae è una stella situata nella costellazione Carina ou (Quilha), a circa 7.500 anni luce dalla Terra. É uma das estrelas mais brillantes do céu noturno e tem sido oggetto de estudio intense pelos astrônomos ao longo dos anos.

Una estrela Eta Carinae è classificata come stella luminosa blu variabile e fu scoperta nel 1677 dall'astronomo Edmond Halley. Da allora la sua luminosità varia e nel 1843 sperimenta uma das maiores explosões stellares già registrata, tornando-se temporariamente a segunda estrela mais brillante do céu noturno.

Un'esplosione stellare del 1843 liberò un'enorme quantità di energia e creò due enormi nubi di gas, chiamate Homúnculo e Neblina de Weigelt, che si espansero a velocità fino a 1.500 km/s. Un Homúnculo è una nebulosa bipolare formata da una fiala che circonda una stella, mentre una Neblina de Weigelt è una serie di anelli concentrici.

Dall'esplosione, Eta Carinae è diminuita in luminosità e dimensioni, ma è ancora una stella massiccia e instabile. Si stima che abbia una massa di circa 100 volte al sole e una luminosità di oltre cinque milioni di volte al sole. La sua temperatura superficiale è di circa 25.000 gradi Celsius.

Si ritiene che Eta Carinae si stia avvicinando alla fine della sua vita utile, dalla quale potrebbe esplodere come supernova. Sebbene la stella sia a una distanza di sicurezza dalla Terra, un'esplosione di grave entità può colpire l'atmosfera terrestre e causare danni significativi ai sistemi di comunicazione.

Eta Carinae continua ad essere un'importante fonte di studio con tecniche di osservazione avanzate, come i telescopi spaziali e l'interferometria, per studiarne la struttura e il comportamento. Abbiamo bisogno di più dati per poter comprendere questa stella, che continua a sfidare la comprensione degli scienziati sulla natura dell'universo.

Crediti immagine: NASA

La composizione chimica di questa stella è complessa e ancora non del tutto compresa dagli scienziati. Tuttavia, studi spettroscopici suggeriscono che Eta Carinae sia una stella ricca di elementi pesanti, come carbonio, azoto, ossigeno e ferro, indicando che ha già superato diversi stadi di fusione nucleare nel suo nucleo.

Allo stesso tempo, la stella è nota per avere un'alta proporzione di elio nella sua atmosfera, o ciò che suggerisce che è un ragazzo estrela che non ha tempo per convertire tutto l'elio in elementi più pesati per il mio processo di fusione nucleare . Questa alta proporzione di Elio può anche essere un segno che l'Eta Carinae è un'estrema che si forma a partire da un gas primordiale con il basso teor de metais.

Altri elementi rilevati nell'atmosfera di Eta Carina includono silicio, magnesio, zolfo e argon. Tuttavia, l'abbondanza relativa di questi elementi non è ancora del tutto nota.

Crediti immagine: NASA

Eta Carinae non ha un'orbita nel senso tradizionale del palavra, poi è un'estrema individualità e non è in un sistema binario o multiplo. Tuttavia, è noto che una stella presenta variazioni nella sua luminosità e altre proprietà che possono essere spiegate da cicli di attività stellare, incluse oscillazioni nella sua struttura interna ed eruzioni periodiche.

Inoltre, un estrela si trova sul lato interno di una vasta regione di formazione stellare chiamata Carena Nebula, che contiene diverse stelle giovani e massicce. L'interazione gravitazionale tra queste stelle può essere una carta importante per l'evoluzione dell'Eta Carinae e nella sua avidità di star.

Sebbene non abbia un'orbita definita, la posizione di Eta Carinae non è nota con precisione ed è spesso utilizzata come punto di riferimento per la navigazione astronomica. A estrela si trova nella costellazione della Carina e pode ser vista a olho nu em boas condiziones de observação.

Tuttavia, studi più recenti lo affermanoper affrontare umsistema binario di stellemuito prossimas uma da outra Una stella minorediametroé a mais quente (30 000 °C) ea outra com o triple dodiametroÈ più freddo (15.000 °C), ma due volte più luminoso. Esseresistema stellareè avvolto in un denso velouna nuvolaDigasepolveroso, que form uma nebulosa 400 vezes mais extensa do que oSistema solare, noto come ANebulosa di Eta Carina(o NGC3372). A perda de luminosidad deve-se, possibilente, a uma conscuna da aproximação maxima entre as duas estrelas, operiastro, la cui altezza una stella minore copre quasi la metà di quella maggiore. Una diminuzione della luminosità equivale a 20 volte o doSol, mas brilhando como 4 a 5 milhões de sóis. Il periodo di rotazione delle stelle (una relazione all'esterno) è di 5,5 anni.

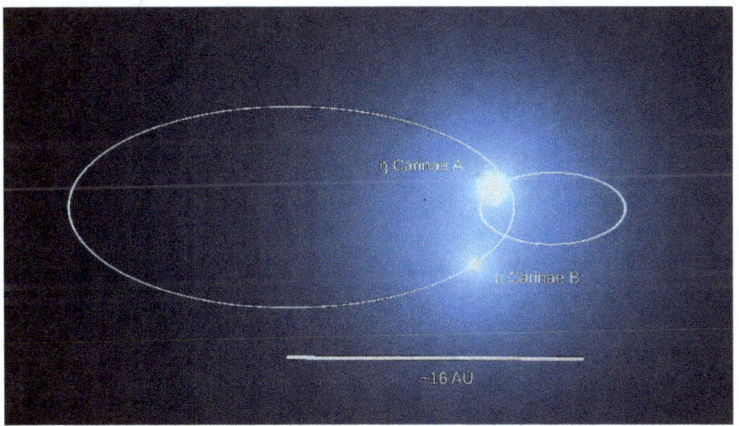

L'astronomo brasiliano Augusto Damineli, professore di IAG-USP, è un dos che afferma che l'estrela è una variabile pois a cada cinque anni e mezzo, secondo uno, una riduzione non proprio brillante, e altri astronomi non accettano questa teoria, non entanto nel 1997 si è verificata una nuova riduzione, il fenomeno si è confermato. Nel 2003, grazie alle registrazioni di oltre 50 specialisti supportate da osservazioni di telescopi e orbite terrestri, è stato finalmente confermato che una stella variabile di tipo SDOR - Estrelas de alta luminosidad binária, com variações entre 1 a 7 magnitudini, associata a materia avvolgente em espansione proprio das nebulosas.

Estrelas muito grandes como Eta Carinae exhaustam seu combustibile muito rapide a causa della sua luminosità sproporzionatamente elevata. Spero che Eta Carinae possa esplodere come una supernova o ipernova dentro de algum tempo nos próximos milhões de anos.

E por fim, eSuggerisco studi che Eta Carinae ruota molto lentamente, con un periodo di rotazione stimato in circa 5,5 anni. Tuttavia, questa stima si basa su misurazioni indirette e può essere soggetta a significative incertezze. Além disso, por ser uma estrela variabile e instável, torna-se difícil calcular sua rotazione con precisione.

Betelgeuse – Afa Orione

É uma das estrelas mais famosas e facilente reconhecíveis no céu noturno Localizzata nella costellazione di Orione, è una segunda estrela mais brillante dessa constelação, che perde solo contro Rigel. Non c'è nemmeno una delle stelle più brillanti del cielo notturno ed è vicino a 100 milioni di volte più luminose del sole.

Una delle caratteristiche più notevoli di Betelgeuse è la sua dimensione. Stima-se que ela tenha um diametre vicino de 1000 vezes maier que o do Sol, tornando-a uma das maiores estrelas conosciuto. Essendo posto al centro del nostro sistema solare, la sua atmosfera si estenderebbe oltre l'orbita di Giove.

Un'altra caratteristica interessante di Torna è che è una stella variabile, il che significa che la sua luminosità cambia ao longo do tempo, a causa della sua grandezza, questi cambiamenti possono essere facilmente rilevati ad occhio nudo. In media, una stella impiega circa 420 giorni per completare un ciclo completo di luminosità. A variação de brillo é causada pela pulsação da estrela, che provoca cambiamenti nella sua temperatura e luminosità.

Di recente, ha attirato l'attenzione dei media per speculazioni sulla sua possibile esplosione in una supernova. Betelgeuse non è alla fine della sua vita e si prevede che alla fine esploderà come una supernova. Tuttavia, non vi è alcuna certezza su quando ciò accadrà. Alcuni studi hanno suggerito che una stella potrebbe esplodere in qualsiasi momento, mentre altri affermano che è esplosa migliaia di anni prima.

Indipendentemente da quando la stella esploderà, la sua morte sarà un evento significativo in astronomia. A explosão sarà visibile dalla Terra e pode ser vista até mesmo durante o dia, a seconda di come si diffonde una luce pela atmosfera. Inoltre, una supernova produrrà un'incredibile quantità di energia e materia, che può essere studiata dagli astronomi per molti anni.

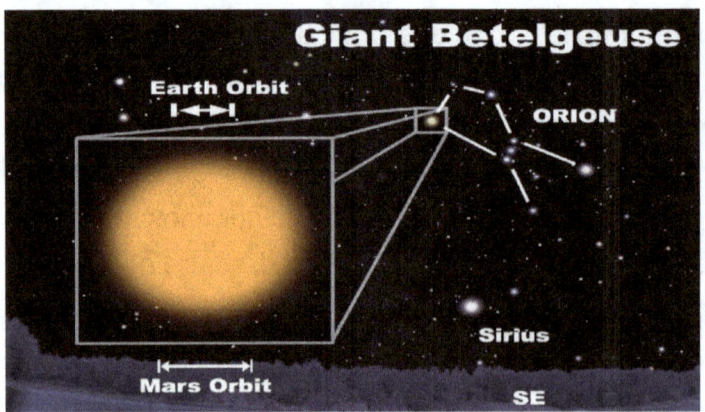

Betelgeuse è una stella molto grande, luminosa e fredda classificata come supergigante rossa del tipo spettrale M1-2 Ia-ab. La lettera "M" indica che si tratta di una stella rossa appartenente alla classe spettrale M, e tendente a portare una bassa temperatura superficiale; o il suffisso "Ia-ab" è una classe di luminosità data alla stella e indica che essa è intermedia tra una supergigante di luminosità normale e una supergigante di luminosità elevata. Una caratteristica principale della visuale spettrale di stelle di questo tipo è la presenza di bande di assorbimento dell'ossido di titanio(II) (TiO) nella regione verde dello spettro, che indica una bassa temperatura superficiale. Una bassa intensità della linea del calcio neutro a 4 227 Å è il principale indicatore di alta luminosità. Dall'introduzione del sistema di classificazione MKK nel 1943,

Le supergiganti rosse come Betelgeuse sono stelle massicce che hanno già lasciato la sequenza principale e sono le ultime fasi della loro evoluzione. Essas estrelas consumam rapidamente il suo combustibile e vivem por apenas alguns milhões de anos. Originariamente un'estrema classe O della sequenza principale, Betelgeuse ha già consumato tutto l'idrogeno nel suo nucleo, risultando nella contrazione del nucleo sulla forza di gravità. Preparati a bilanciare dal nucleo più caldo e più denso, mentre gli strati esterni si espandono e si raffreddano. Sebbene lo stato evolutivo sia exato seja desconhecido, è più probabile che Betelgeuse stia attualmente fondendo l'elio per generare carbonio e ossigeno dal nucleo, con una camera di fusione dell'idrogeno al rosso del nucleo.

Representação artística da estrela e suanebbioso

Gli elementi più abbondanti nell'atmosfera di Betelgeuse sono l'idrogeno e l'elio, che rappresentano rispettivamente circa l'85% e il 13% della composizione chimica. Gli altri elementi presenti sono principalmente carbonio, ossigeno, azoto, silicio, ferro, ferro e titanio, tra gli altri.

Acredita-se que a estrela tenha evoluído a partir de uma muito massiccia estrela, que produziu muitos elementos mais pesados traverso de reações nucleares nel suo nucleo. Gli elementi più pesanti verrebbero trasportati lateralmente alla superficie della stella attraverso processi convettivi nella sua atmosfera.

No que diz respeto à orbita, Betelgeuse não orbita nenhum objeto specifice. Allo stesso tempo, è una stella solitaria che attraversa la Via Lattea insieme ad altre stelle. Si muove in una traiettoria relativamente casuale, influenzata principalmente dalle interazioni gravitazionali con altre stelle e oggetti massicci nella galassia.

In relazione alla rotazione, Betelgeuse ha una rotazione relativamente lenta, con un periodo di rotazione di circa 8,4 anni. Questo è sorprendentemente lento per una stella della sua massa e dimensione, che si stima sia circa 20 volte la massa del Sole e circa 1.000 volte la dimensione del Sole. Acredita-se che una rotazione lenta da

Betelgeuse possa ser devido a interazioni entre a rotação e come camere esterne da estrela, che sono altamente convettive.

Antares

Antares è una stella supergigante rossa situata nella costellazione dello Scorpione. Con un diametro stimato di circa 700 volte dal Sole, Antares è una delle stelle più conosciute. La sua distanza dalla Terra è di circa 550 anni luce, quindi a torna uma das estrelas mais brillantes no céu noturno.

O nome "Antares" vem do greco ant-Ares, che significa "O rivale di Marte". Questo accade perché l'estrela possui uma coloração avermelhada simile à do planeta vermelho.

Antares è una stella molto calda, con una temperatura superficiale di circa 3.500 gradi Celsius, ma il suo cuore rosso è il risultato delle sue grandi dimensioni e dell'emissione di luce a lunghe lunghezze d'onda.

Oltre al suo aspetto impressionante, Antares è anche una stella piuttosto complessa. Conhecida por ter um sistema de estrelas binárias, il che significa che esiste un'altra estrela proxima ela em orbit, a estrela companheira de Antares é muito menor e mais fria do que ela, e leva cerca de 900 anos para completa uma orbit ao redor da the stella principale

È estremamente evoluída, con un'idea stimata a circa 12 milioni di anni, ela já passou pela fase in cui produce energia attraverso la fusione nucleare di idrogeno in elio, e ora è nella fase in cui sta convertendo elio in carbonio e ossigeno in se stesso nucleo Essa évolución levará alla fine à morte da estrela, mas como Antares é muito maior do que o Sol, sua morte será muito mais drammatico.

Alla fine della sua vita, Antares esploderà in una supernova, un'esplosione estremamente potente che rilascerà nello spazio un'enorme quantità di energia e materia. È possibile creare un fenomeno noto come una nebulosa planetaria che è un nuvem de gas e poeira illuminada pela radiação da estrela moribunda. Pur non essendo abbastanza vicina da rappresentare una minaccia diretta per la Terra, l'esplosione di Antares rappresenterebbe sicuramente uno spettacolo impressionante per gli osservatori astronomici.

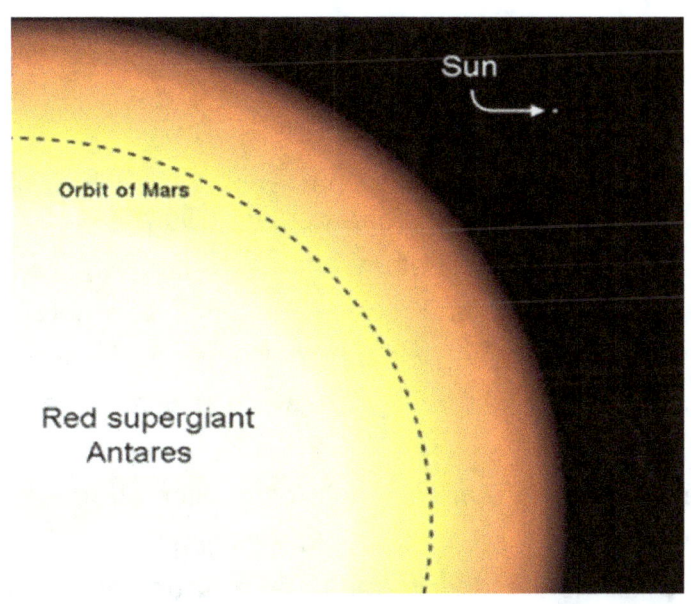

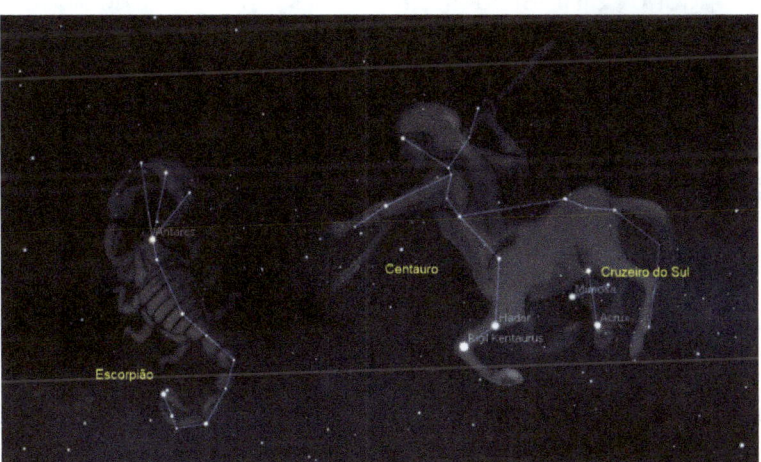

La composizione chimica di Antares è abbastanza simile a quella di altre stelle supergiganti, è composta principalmente da idrogeno ed elio, con tracce di elementi più pesanti.

Un estrela produce energia attraverso la fusione nucleare, che si verifica in una fusione nucleare.Durante la fusione nucleare, i nuclei degli atomi affondano per formare nuovi nuclei, rilasciando una grande quantità di energia nel processo. La fusione nucleare dell'idrogeno in hélio è la principale fonte di energia per le stelle, inclusa Antares.

Oltre all'idrogeno e all'elio, Antares contiene tracce di altri elementi chimici, come carbonio, ossigeno, azoto e ferro. Questi elementi sono formati da reazioni nucleari che avvengono all'interno della stella, man mano che si evolve.

La quantità degli elementi più pesanti in Antares è relativamente piccola rispetto alla quantità di idrogeno ed elio. Questo si verifica perché le stelle supergiganti come Antares sono più giovani in termini cosmici e non hanno un tempo sufficiente per produrre grandi quantità di elementi più pesati per mezzo di reazioni nucleari.
Inoltre, anche piccole quantità di elementi più pesati nelle stelle come Antares sono importanti per la formazione dei pianeti e per la propria vita. La maggior parte degli elementi chimici trovati sulla Terra, tra cui carbonio,

ossigeno e ferro, hanno formato un buco nelle stelle che esistevano prima del nostro Sole. Quando queste stelle esplodono in supernove, rilasciano gli elementi dallo spazio che in seguito si agglomerano per formare nuove stelle dai pianeti.

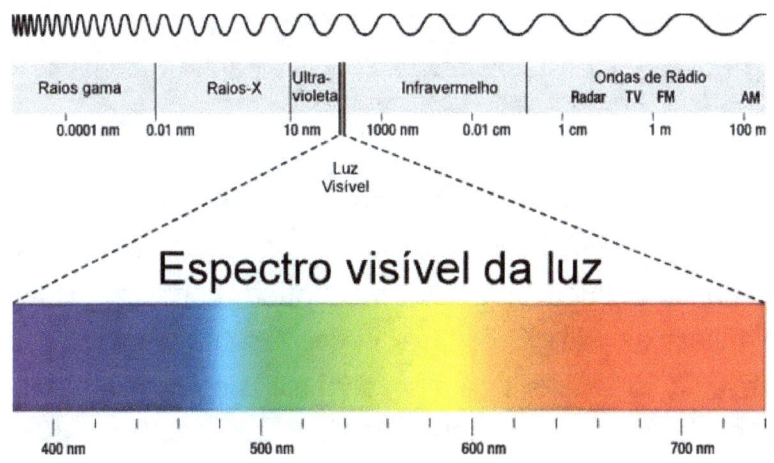

Mu Cefeo

Un'estrela Mu Cephei, nota anche come estrela gigante vermelha o semplicemente "Mu Cep", è una delle stelle più brillanti conosciute nella Via Lattea. Localizzata nella costellazione del Cefeo, a circa 2.300 anos-luz dalla Terra, è una delle stelle più massicce e luminose conosciute, con una magnitudine apparente di circa 4,08.

Mu Cephei è una stella di classe M, il che significa che è una gigantesca stella rossa con una temperatura superficiale relativamente bassa e una luminosità molto elevata. É tambẻm uma variabile semiregolare, il che significa che la sua luminosità varia con il tempo, sebbene de maneira imprevisível. La sua magnitudine varia tra 3,4 e 5,1, con un periodo medio di circa 730 giorni.

A estrela Mu Cephei tem uma massa estimada em vicino de 20 vezes a do Sol e um raio circa de 1,500 vezes maier que o do Sol, tornando-a uma das majores estrelas conosciuto. La sua temperatura superficiale è relativamente bassa, circa 3.500 gradi Celsius, motivo per cui diventa rossa. A estrela tem uma luminosidad vicino a 300.000 volte più grandi che a do Sol, o che torna uma das estrelas più brillantes conjinas.

Mu Cephei è un'estrema più giovinezza, con un'idea stimata di circa 10 milioni di anni, o che è molto gioiosa nel confronto con il Sole, che è un'idea di circa 4,6 miliardi di anni. Una stella ha una grande quantità di materiale circumstellare, il che indica che sta attraversando una fase evolutiva attiva. Si ritiene che una stella alla fine si evolverà in una stella da una nebulosa planetaria, espellendo i suoi strati esterni da una nuvola di gas e polvere.

La sua grande massa e luminosità ne fanno un importante esempio per comprendere l'evoluzione delle stelle e delle stelle estremamente massicce. Inoltre, l'estrela è un'importante fonte di radiazione infrarossa ed è utilizzata per studiare una formazione di poesia in un fiume di enormi vermicelli.

La composizione chimica dell'estrela Mu Cephei è ben studiata dagli astronomi e dagli astrofisici di tutto il mondo, ed è conosciuta per essere molto diversa dalla composizione chimica del Sole.

Con l'analisi spettroscopica indicherò che una stella ha un'abbondanza molto bassa di elementi più pesanti dell'elio, noti come "metais" in astronomia. Il rapporto tra ferro e idrogeno, ad esempio, è solo circa lo 0,06% del rapporto solare. Questo per suggerire che la stella Mu Cephei sia una stella della seconda popolazione, che si è formata da un partir de gás muito antigo e pobre em metais.

Questo astro presenta un eccesso di carbonio in relazione all'ossigeno, o che sugere che a un passo estremo per una mistura convettiva profonda in qualche momento della sua evoluzione. Esse processo pode ter ocorrido quando a estrela fundiu helio em carbono e oxygene em seu nucleus, e depois transportou esses elementos para as camadas superficialiais da estrela.

Altri elementi chimici rilevati sulla stella includono idrogeno, elio, litio, carbonio, ossigeno, azoto, sodio, magnesio, alluminio, silicio, azoto, calcio, titanio e ferro. La composizione chimica dell'estrela Mu Cephei è importante per comprendere l'evoluzione delle stelle nelle stelle della seconda popolazione e per il confronto con la composizione chimica delle altre stelle in Via Láctea.

L'orbita dell'estrela Mu Cephei non è molto conosciuta, poi è un'isola solitaria e non c'è un compagno molto conosciuto. Tuttavia, gli studi possono essere stimati dalla velocità radiale della stella, che è la distanza dalla Terra, basata sullo spostamento dello spettro Doppler. Questo può fornire informazioni sulla velocità orbitale media della stella rispetto al centro della Via Lattea.

La velocità radiale della stella Mu Cephei è relativamente bassa, circa 14,5 km/s rispetto al Sole. Ciò suggerisce che una stella stia orbitando attorno al centro della Via Lattea in un'orbita relativamente circolare, poiché le stelle con orbite più ellittiche presentano generalmente velocità radiali più variabili.

Quanto alla rotazione dell'estrela Mu Cephei, gli astronomi accreditano che l'estrela è probabile che abbia una rotazione molto lenta, poi le stelle gigantesche vermelhas genmeente têm rotazioni molto lenta devido à espansione delle sue camere esterne. La rotazione dell'estremo può essere stimata a partire dall'ampiezza delle linee spettrali nel suo spettro, che sono più larghe nelle stelle che girano più rapidamente Non entanto, essas linhas spectrais in estrelas gigantes vermelhaas genmeente são muito largas devido à baixa temperatura superficiale da estrela, turando difícil medir a rotação do astro com precisione.

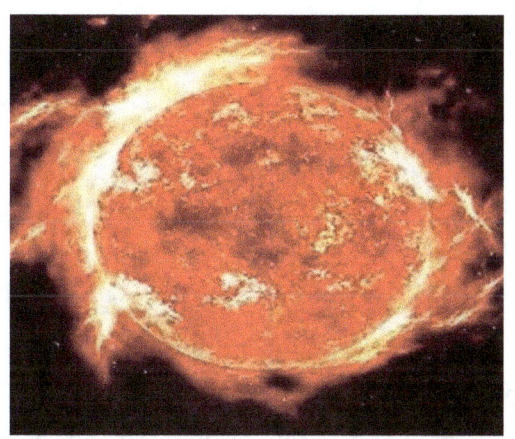

VY Canis Mayoris

La stella VY Canis Majoris è una delle stelle più affascinanti ed enigmatiche che siano già state scoperte. Localizzata nella costellazione del Cane Maggiore, a circa 1.2 KPC (Kiloparsec) dalla Terra, questa stella è uma das maiores e mais luminosas connocias pelo homem. In questo capitolo esploreremo le caratteristiche, la scoperta storica ei misteri che mi avvolgeranno di VY Canis Majoris.

Scoperto dalle caratteristiche di VY Canis Majoris;

Un VY Canis Majoris fu scoperto nel 1801 da Jérôme Lalande, un astronomo francese, mentre stava effettuando un'indagine sulle stelle. Na época, Lalande catalogu a estrela como a 22ª mais brillante da constelação de Canis Major.

Oggi sappiamo che VY Canis Majoris è una stella variabile rossa e supergigante che sta entrando in una fase avanzata della sua evoluzione stellare. È classificata come una stella del tipo spettrale M e tem uma massa stimata em cerca de 20 vezes a do Sol.

Il diametro di VY Canis Majoris è enorme, circa 2000 volte più grande di quello del Sole. Se non fosse al centro del nostro sistema solare, altrimenti il raggio si estenderebbe anche dall'orbita di Giove. Il suo volume è pari a circa 5 miliardi di volte il volume del Sole. Para se ter uma ideia da grandezza dessa estrela, se a VY Canis Majoris fosse colocada em nosso sistema solar, a distanza entre ela ea Terra seria apenas metade da distanza entre o Sol e Plutão.

A VY Canis Majoris è anche una delle stelle più luminose dell'universo congenito, emettendo una luminosa di circa 500.000 volte al sole. Tuttavia, questa enorme luminosità viene emessa principalmente nell'infrarosso, il che significa che la stella è meno luminosa dello spettro visibile.

Misteri e curiosità su VY Canis Majoris

A VY Canis Majoris è una stella così grande e complessa che gli scienziati non hanno ancora compreso completamente come funzioni. Una delle grandi gravide è come una donna incinta molto grande che segue se manterrà lo stato, perché la forza gravitazionale dell'estrela devia è tanto forte che la devia entra nel collasso sopra se stessa. Inoltre, una stella sta emettendo un'enorme quantità di materiale, tra cui polvere e gas, il che solleva interrogativi su come ciò sia possibile in una stella così massiccia.

Un'altra curiosità su VY Canis Majoris è che è una stella variabile, il che significa che la sua luminosità cambia ao longo do tempo, em algumas occassionas, a estrela se convertu mais brillante do que qualquer outra estrela knowna, mentre em outras, ela se he became quasi invisibile.

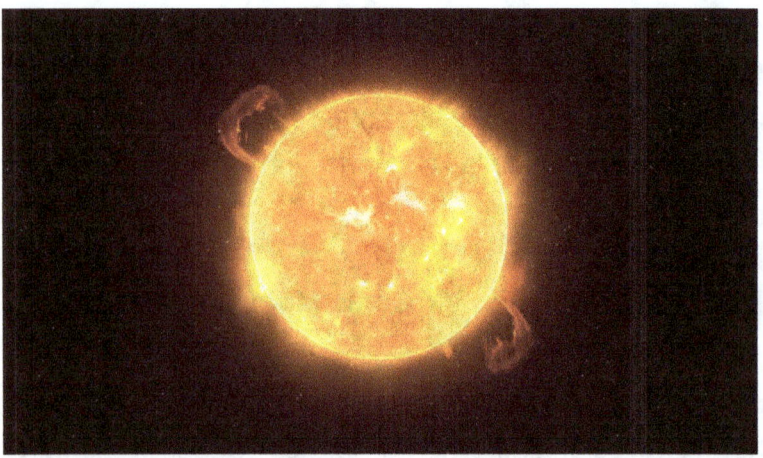

Un'altra curiosità interessante di VY Canis Majoris è che emette una grande quantità di materiale, tra cui polveri e gas, che sparge nello spazio o rossore. Gli astronomi accreditano che questo materiale è il risultato di un'intensa attività che si trova sulla superficie da estrela, e che sta passando per una fase di intensa persa di massa.

L'orbita data da VY Canis Majoris è così difficile da definire, poiché una stella è solitaria e non ha una compagna stellare. Tuttavia, gli scienziati sono stati in grado di determinare che si stava muovendo in direzione del centro della Via Lattea, la nostra galassia, a una velocità di circa 22 km/s. Inoltre, è considerata un'estrela ad alta velocità, il che significa che està se vendo in relazione al nostro Sistema Solare a una velocità molto maggiore rispetto a quella dei media delle stelle della galassia.

Per quanto riguarda la rotazione di VY Canis Majoris, è importante notare che le stelle supergiganti rosse hanno una rotazione molto lenta rispetto alle stelle minori e giovani. Isso si verifica perché essa è lontana da un'atmosfera molto espansa, il che significa che una superficie da est è molto distante dal nucleo, dove avviene la rotazione. Inoltre, la rotazione di un estremo molto serio è molto difficile da meditare con precisione utilizzando tecniche di osservazione atmosferica.

Tuttavia, avevo indicato ad alcuni studenti che potevo girare lentamente intorno alla ruota. Uno studio del 2015, ad esempio, ha suggerito che una stella potrebbe ruotare con una velocità di appena 1 km/s, che è estremamente lenta rispetto a una velocità di rotazione del Sole, che è di circa 2 km/s.

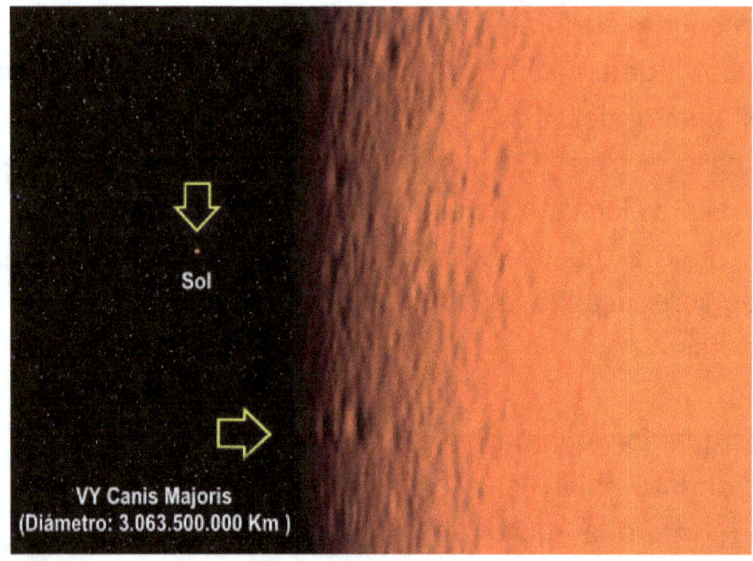

La composizione chimica di VY Canis Majoris è simile a quella di altre stelle supergiganti rosse, con una miscela di elementi leggeri, come idrogeno ed elio, ed elementi più pesanti, come carbonio, ossigeno e ferro. No entanto, a causa delle sue dimensioni, una stella contiene anche elementi relativamente rari tra le altre stelle, come la tecnologia e il litio.

Inoltre, un VY Canis Majoris è noto per essere una stella variabile, il che significa che la sua luminosità e la temperatura superficiale fluttuano per un lungo periodo di tempo. Questo può essere influenzato dalla composizione chimica della stella, così come le reazioni nucleari che avvengono nel nucleo possono essere diverse in momenti diversi. Di destino, alcuni studi suggeriscono che un VY Canis Majoris possa essere passato per un processo di fusione di elementi più pesati nel suo nucleo, o che possa levare una produzione significativa di elementi ainda più pesati.

Quanto à física da VY Canis Majoris, ela é uma estrela muito grande, com um raio estimado em torno de 1,800 vezes o raio do Sol, devido a essa grandeza, a estrela tem uma uma estrela muito baixa, o que permite que la sua atmosfera se expanda muito alem do núcleo da estrela Questa atmosfera espansa è responsabile di molte delle caratteristiche osservate nella stella, come la sua bassa temperatura superficiale e il suo alto livello di luminosità.

RW Cephei

Una stella RW Cephei, nota anche come V712 Cephei, è una stella variabile situata nella costellazione di Cefeo. É una delle stelle più luminose conosciute sulla Via Lactea, con una magnitudine apparente variabile tra 5.7 e 11.5. Una stella è classificata come supergigante rossa e appartiene alla classe spettrale M3-M5.

La prima menzione di RW Cephei fu fatta nel 1895 dall'astronomo nord-americano Edward Pickering, che incliu in un elenco di stelle variabili. Da allora, un estrela tem sido ampiamente studiato e monitorato da astrofisici e astronomi em todo o mundo.

La caratteristica principale che rende così interessante RW Cephei è la sua variabilità. Dalla sua grandezza apparente varia da una forma irregolare a un lungo periodo che può durare da pochi giorni a qualche decennio. Os ciclos de variação de curto prazo (con durata da alcuni giorni ad alcune settimane) sono causati da pulsos de expansion e contração da estrela, mentre os ciclos de longo prazo (con durata di decenni) possono essere causati da cambiamenti nella struttura interna di la star ou pela influence de uma estrela companheira

Oltre alla variabilità, altre caratteristiche interessanti di RW Cephei includono la massa, il raggio e la temperatura. Stime recenti suggeriscono che la massa della stella sia circa 25 volte la massa del Sole, mentre il suo raggio è circa 1.200 volte maggiore del raggio del Sole. Ciò significa che, se una stella è posta al posto del Sole, si estende oltre l'orbita di Giove, la sua temperatura è relativamente bassa per una stella così massiccia, con una temperatura effettiva di circa 3.500 K.

A estrela também é anche noto per essere una fonte di emissione radio. Le emissioni radio sono causate da campi elettromagnetici accelerati nell'atmosfera della stella. Studi recenti suggeriscono che un RW Cephei potrebbe essere in grado di gestire una fonte di missão de raios-X, possibilente duevo à interazione con un'azienda estrela.

In termini di evoluzione stellare, un RW Cephei si sta avvicinando alla fine della sua vita. Le supergiganti Vermelha sono note per subire esplosioni termonucleari che possono provocare l'espulsione della loro atmosfera esterna e la formazione di nebulose planetarie. Tuttavia, un RW Cephei non presentava ancora segni imminenti di un'esplosione termonucleare.

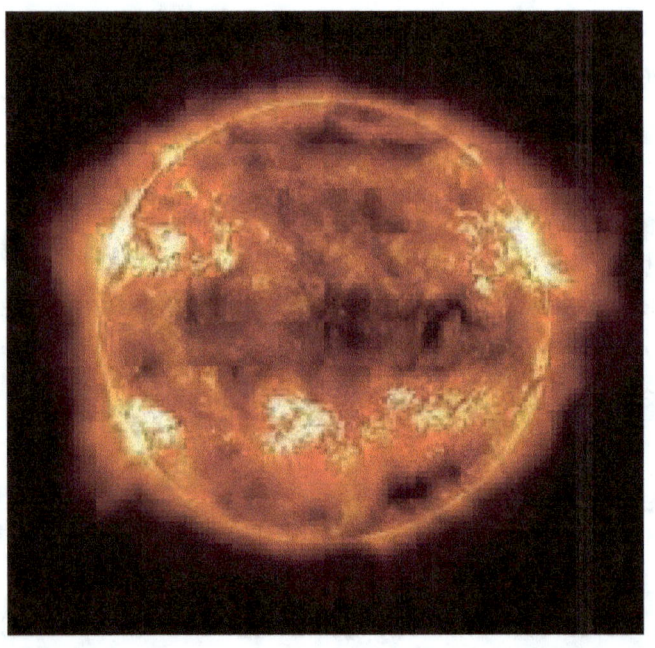

Un RW Cephei si trova a una distanza di circa 4 KPC (Kiloparcescs) dalla Terra. Essa distanza è molto grande e difficile all'osservazione diretta da estrela, ma gli astronomi conseguem la estudá-la con l'aiuto di telescopi e strumenti sensibili, come os telescopi espaciais. Questa distanza in relazione alla Terra è uma das razitos pelas quais ainda há muito a ser descovertivo sobre essa estrela e outras supergigantes vermelhaas L'astronomia continua a sviluppare nuove tecnologie e tecniche per superare sfide e sfide.

In termini di composizione chimica, RW Cephei è una stella estremamente ricca di elementi pesanti, come carbonio, ossigeno e metalli. Questi elementi sono prodotti all'interno della stella attraverso reazioni nucleari che si verificano a temperature e pressioni elevate.

È anche noto che presenta una grande quantità di polvere nella sua atmosfera, e questa polvere è formata da microscopici granelli di materiale solido, come silicati e grafite, che formano nas camadas mais externas da estrela. Una presenza de poeira può influenzare una forma come l'estrela emette luce e può levare variazioni nella sua luminosità a lungo nel tempo.

Inoltre, una RW Cephei è una stella nota per presentare forti venti stellari, questi venti sono formati da particelle cariche che vengono lanciate ad alta velocità dalla superficie della stella. I venti interstellari sono responsabili del trasporto di materiale dalla stella al mezzo interstellare, contribuendo alla formazione di nuove stelle e pianeti.

Por ser uma estrela supergigante vermelha solitária, significa che non orbita attorno a nessun'altra stella. Ela si trova sulla Via Lattea, e si muove su una trajetória nel ritorno del centro galattico insieme ad altre stelle.

La velocità orbitale di RW Cephei è influenzata dalla distribuzione della massa nella galassia, compresa la massa della materia oscura, che è ancora poco conosciuta dagli astronomi.

In relazione alla rotazione, poiché i supergiganti vermelhaas sono concazionati dal presentatore di un basso taxa di rotazione, questo si verifica perché questi estremi hanno un'atmosfera molto espansiva ed espansiva, o che faz com che la rotazione dell'estrela decelere devido ao atrito entre as camadas externas da estrela mezzo interstellare. Inoltre, la presenza di intensi campi magnetici può influenzare la rotazione della stella.

A rotação dos astros è un parametro importante per capire come elas evolve ao longo do tempo, ea baixa taxa de rotação da RW Cephei è un fattore importante da considerare negli studi sulla sua evoluzione e comportamento. Le precisazioni sulla velocità radiale dell'estrela possono essere utilizzate per stimare il suo tasso di rotazione, ma possono anche essere difficili da determinare a causa della complicità dell'atmosfera espessa dell'estrela e delle limitazioni delle tecniche di osservazione attualmente disponibili.

Estrella Polar (Polaris, α UMi, α Ursa Minor, Alpha Ursa Minor)

A Estrela Polar, nota anche come Estrela do Norte ou Polaris, è un'estrela visível da partir do hemisfério norte da Terra, che svolge un ruolo fondamentale nella navigazione e nell'orientamento astronomico. In questo capitolo, discuteremo in dettaglio l'Estrela Polar, inclusa la sua posizione, la storia, le caratteristiche fisiche e il significato culturale.

Una Polar Estrela è una stella di classe F7 situata nella costellazione dell'Orsa Minore. È visibile a partire da qualsiasi punto del nord dell'Ecuador e, come tale, è un punto di riferimento importante per i navigatori e gli astronomi. La posizione dell'Estrela Polar è abbastanza alta, o quello che torna a un negozio di ferramenta per determinare la direzione verso nord. Non così, a Estrela Polar non è un'estrela mais brillante non céu noturno, ma è relativamente facile da identificare, una volta che è è estrela che è più vicina al ponte dove tutte le linee di longitud si contaminano

A história da Estrela Polar risale a migliaia di anni fa. Nell'antica Grecia, un'estrela era conosciuta come

"Phoenix", che significa "fenice", ed era vista come un simbolo di rinnovamento e resurreição. Nella mitologia nordica, l'Estrela Polar era associata a una dea di nome Frigg, che era vista come una guardiana del cielo e delle stelle. Nella cultura cinese, il Polar Estrela era conosciuto come "Zhen", che significa "verdadeiro norte", ed era visto come un simbolo di orientamento e stabilità.

Anche le caratteristiche fisiche di Estrela Polar sono piuttosto interessanti. È una stella giallo-bianca con una magnitudine apparente di circa +2,0. In termini di dimensioni, è circa 6 volte più grande del Sole e ha una temperatura superficiale di circa 6.000 gradi Celsius. A Polar Estrela è anche uma estrela dupla, composta da due stelle più piccole che orbitano attorno a uma em torno da outra.

Un Estrela Polar è stato utilizzato per secoli per la navigazione astronomica. Ao longo da história, as pessoas usaram a estrela para determinar a direction do norte, ajudando na navigation terrestre e marítima. Con l'invenzione dell'astrolabio e del sestante, Estrela Polar è tornata ancora più utile per la navigazione.

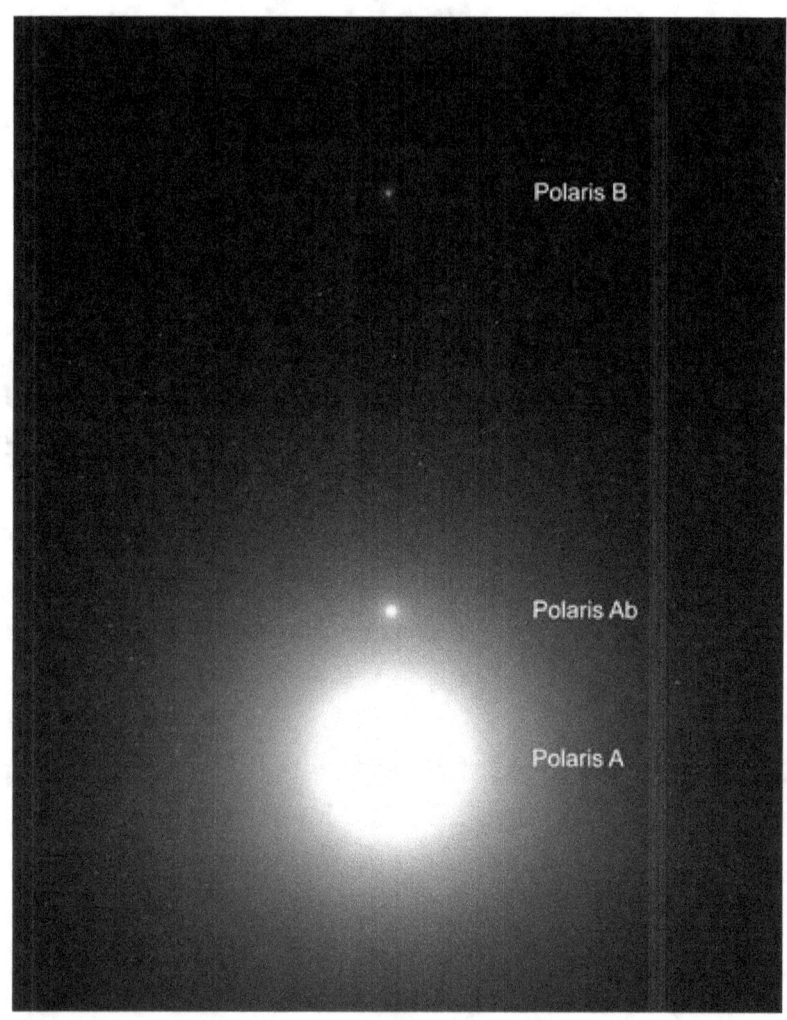

Estrelas como a Polar sono formate da nubi interstellari di gas e polvere che collassano sotto la loro stessa gravità.

Quando il nucleo del nucleo diventa sufficientemente denso e caldo, inizia a sciogliere idrogeno ed elio, dando inizio al processo di fusione nucleare. Durante questo processo, l'energia viene rilasciata da una serie di reazioni nucleari che si verificano, creando elementi chimici più pesanti.

La composizione chimica del Polar Estrela è determinata dall'analisi spettrale della luce che emette. Questa tecnica comporta una dispersione della luce da estirpare in uno spettro di nuclei che può essere utilizzato per determinare quali elementi chimici sono presenti allo estrela e in che quantità. Gli elementi chimici che compongono il Polar Estrela includono idrogeno, elio, carbonio, azoto, ossigeno, neon, magnesio, silicio, zolfo, ferro, nichel e altri elementi più pesanti.

L'idrogeno è l'elemento più abbondante in Estrela Polar, rappresentando circa il 71% della sua massa totale. L'elio è il secondo elemento più abbondante, con circa il 27% della sua massa totale, mentre altri elementi chimici sono presenti in quantità molto minori, con meno dell'1% della sua massa totale.

A composizione química da Estrela Polar è importante perché ci aiuta a capire come ci evolviamo come stelle. À medida que uma estrela envelhece e estuda seu combustibile nucleare, ela commesa a distir elements mais pesados, creando novos elementos chemicos no proceso.

Questi elementi vengono poi liberati dallo spazio quando una stella esplode come supernova, arricchendo il mezzo interstellare di nuovi elementi chimici. A analise da composizione química de estrelas como a Estrela Polar nos ajuda a entender melhor como os elementos químicas são criados e distributivos pelo universo.

Secondo recenti misurazioni, il Polar Estrela si trova a una distanza di 434 anni luce dalla Terra. Ciò significa che una luce emessa dalla stella è salita di circa 434 anni per raggiungerci.

A determinação da distance da Estrela Polar è stata realizzata attraverso diverse tecniche astronomiche. Una delle tecniche più comunemente usate è la parallasse stellare[6]. Usando questa tecnica, gli astronomi sono stati

---

[6] In astronomia, una parallasse stellare viene utilizzata per misurare la

in grado di misurare una distanza da Estrela Polar con una precisione di circa l'1%.

Non importa la sua orbita, l'estrela polare è un'estrela solitaria, o seja, não tem companheiras ravvicinate. Orbita attorno al centro della Via Lattea, insieme al nostro Sole e miliardi di altre stelle. La sua orbita impiega circa 25,4 milioni di anni per essere completata e la sua velocità rispetto al centro della galassia è di circa 19,5 km/s.

Já in relazione alla sua rotazione, è un'estrema lentezza di rotazione, gira al suo ritorno proprio intorno a 25.4 giorni, o che è relativamente lento nel confronto con altre stelle simili. Questa rotazione lenta può essere spiegata in base all'idea avanzata di estrela, dove è stimata in circa 70 milioni di anni.

Vale la pena sottolineare che una Polar Estrela tem sua posição muito proxima do Pole Norte Celeste, que é o ponto imaginário no céu em torno do qual as estrelas parecem girar dueto à rotação da Terra

---

distanza delle stelle utilizzando il movimento della Terra nella sua orbita. É o êngulo formado pelas semirretas que partem do centro de un astro e vão ter, uma ao centro da Terra, outra ao ponto onde se acha o observador.

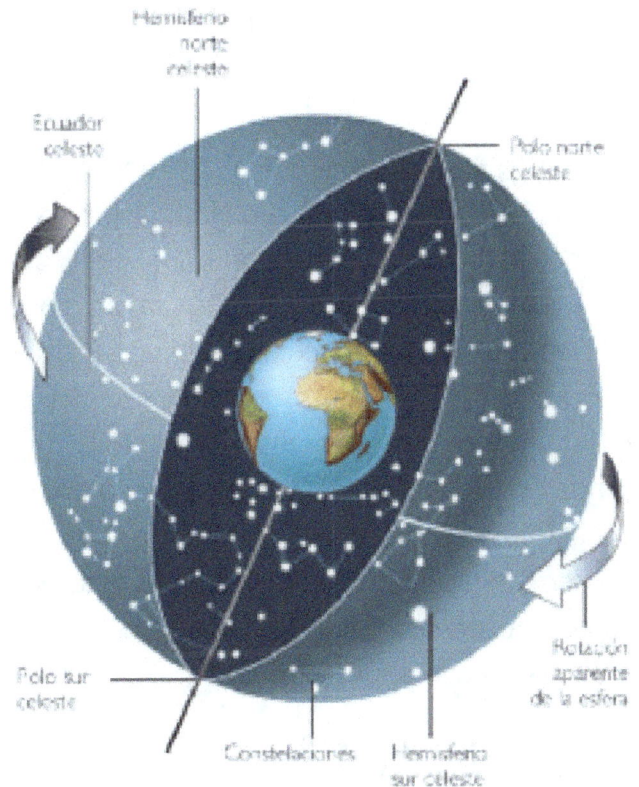

NML Cygni- V1489 Cigni

A estrela NML Cygni é uma das maiores e mais brillantes estrelas conosciuto dai capelli umani. Situata nella costellazione del Cigno, a circa 1,6 KLP (kiloparsec) di distanza dalla Terra, è un'enorme supergigante verme con un raggio stimato in un raggio di 1.800 ore o raggio del Sole.

Scoperto nel 1965 da un team di astronomi guidati da Neugebauer, Martz e Leighton, un NML Cygni ha ricevuto il suo nome dalle iniziali dei sobrenomi degli scopritori. Dopodiché, si trattava di un oggetto da studio di molti astronomi devido alle sue piccole e brillanti eccezioni.

Una delle caratteristiche più notevoli di NML Cygni è la sua luminosità. Emette un'enorme quantità di energia, pari a circa 500.000 volte la luminosità del Sole. Isso a torna uma das estrelas mais brillantes visibile a olho nu. Anche la sua temperatura è piuttosto elevata, raggiungendo circa 3.300 gradi Celsius in superficie.

Além disso, da NML Cygni è una stella variabile, il che significa che la sua luminosità e temperatura cambiano per un lungo periodo di tempo. Ha attraversato un ciclo di impulsi regolari, con un periodo di circa 940 giorni, che potrebbe essere influenzato dalla sua evoluzione futura.

Gli astronomi ritengono che questa stella sia nella fase finale della sua vita, il che significa che sta esaurendo il carburante nel suo nucleo. Questo faz com que perca massa, e stima-se que ela este estendendo cerca de um millionésimo de massa solar por ano. Questa perdita di massa è così grande che l'estrela può estar espellendo un nuvem di gas al suo rosso, camera di busta circum-stellare.

Anche NML Cygni può avere implicazioni importanti per la comprensione della formazione delle stelle e dell'evoluzione stellare. Os astrônomos estão estudando a estrela para tantor entender como as supergigantes estrelas se evoluem e form, e como as estrelas como a NML Cygni podem eventualmente explodir como supernovas.

Una composición química da estrela non è del tutto nota, perché è difficile ottenere informazioni precise sui suoi strati interni. Tuttavia, fin dall'inizio degli studi spettroscopici, gli astronomi dispongono di alcune informazioni sugli elementi presenti nell'atmosfera delle stelle.
Una Cygni NML è classificata come stella supergigante rossa, il che significa che è ricca di idrogeno ed elio, gli elementi più abbondanti nell'universo. Inoltre, sono stati rilevati altri elementi, come carbonio, ossigeno, azoto, ferro e silicio, anche se in quantità molto minori.

Gli elementi più pesanti, come ferro e silicio, sono generalmente prodotti nel nucleo delle stelle attraverso reazioni nucleari che avvengono durante la fusione nucleare.

Non entanto, in supergigantes come un NML Cygni, questi elementi possono essere prodotti in camadas mais esterni da estrela per mezzo di un processo chiamato nucleossíntese[7]convettivo

Além diso, como está na fase final de sua vida, ela pode estar passando por processs de enriquecimento químico, como a convecção de material mais pesado das camadas internas para as camadas mais externas da estrela. Esses processs podem levar a uma variação na composizione química da estrela ao longo do tempo.

---

[7] Una nucleosintesi è il processo di creazione di nuovi nuclei atomici dai nuclei preesistenti per preparare il resto degli elementi nella tavola periodica.

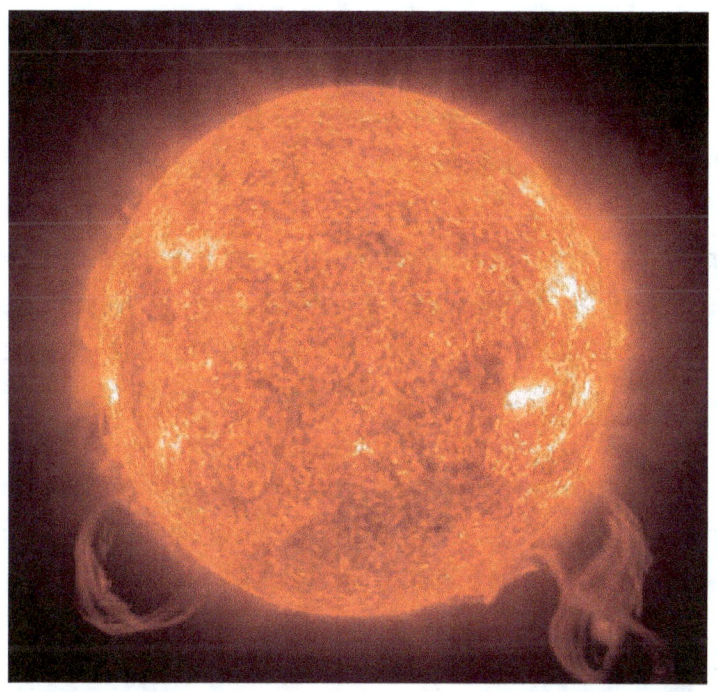

Un'orbita da estrela non è congeniale con la precisione, una volta che si trova a una grande distanza dalla Terra e non ha un sistema estarlar congenio. Pertanto, è difficile determinare la sua orbita in relazione ad altre stelle o corpi celesti.

Quanto à rotação, un NML Cygni è noto per ter uma rotação muito lenta. Como uma estrela supergigante vermelha, ela tem um diametro muito grande e, portanto, um periodo de rotação mais longo. Le stime indicano che la velocità di rotazione è inferiore a 5 km/s, molto inferiore alla velocità di rotazione del Sole, che è di circa 2 km/s sulla linea dell'equatore.

È importante sottolineare che, a causa della sua grande massa e dimensione, anche le forze gravitazionali interne del Cygnus NML possono influenzare la sua rotazione, causando una decelerazione a lungo termine della stella.

Queste informazioni sono importanti per comprendere l'evoluzione stellare e il comportamento delle stelle nelle diverse fasi della loro vita.

Westerland 1-26

La stella Westerlund 1-26 è una delle stelle più interessanti e misteriose conosciute dagli astronomi. Localizzata nella regione centrale della Carena Nebula, a una distanza di circa 3,52 klp (Kiloparsec) dalla Terra, questa stella supergigante vermelha despertado a curiosidade de scientistos de todo o mundo per le sue peculiari caratteristiche.

Una Westerlund 1-26 fu scoperta nel 1961 dall'astronomo svedese Bengt Westerlund, che la identificò come una stella molto luminosa e poco comune. Da allora sono stati condotti diversi studi per comprenderne meglio caratteristiche e proprietà.

Una delle caratteristiche principali del Westerlund 1-26 è la sua dimensione. Con un diametro stimato in un giro di 1.500 volte o do Sol, ela è uma das maiores estrelas connocias, o que faz com que seja classificada como uma supergigante vermelha. Inoltre è estremamente luminoso, con una magnitudine apparente di circa 12, che lo rende facilmente visibile attraverso potenti telescopi.

Un'altra particolarità del Westerlund 1-26 è la sua alta temperatura. Lascia che ti diciamo che la sua temperatura superficiale può raggiungere i 20.000 gradi Celsius, motivo per cui sono note le stelle più famose. Questa elevata temperatura è associata alla sua luminosità, in quanto emette una grande quantità di energia sotto forma di radiazione visibile e ultravioletta.

Inoltre, anche Westerlund 1-26 è una stella instabile, il che significa che la sua luminosità e temperatura variano per un lungo periodo di tempo. Questa instabilità è legata alla sua età, relativamente giovane in termini astronomici, con circa 3 milioni di anni. Durante questo periodo ha attraversato diverse fasi evolutive, come la fusione degli elementi più pesanti nel suo nucleo e l'espansione della sua atmosfera.

Un altro aspetto che attira l'attenzione dei due astronomi, è la possibilità che un Westerlund 1-26 abriri una stella di neutroni nel suo interno. Questa ipotesi si basa su osservazioni che indico che è circondata da una nebulosa a forma di anello che si è formata dall'esplosione di una supernova. In via di conferma, si tratta di una scoperta seria e di grande importanza per la comprensione della fisica delle stelle di neutroni e dei processi di formazione delle stelle in generale.

Una composizione química da estrela Westerlund 1-26 è un aspetto molto importante per comprenderne le caratteristiche e l'evoluzione. Tuttavia, poiché le informazioni disponibili su una composizione chimica dessa estrela sono limitate e non completamente determinate.

Secondo alcuni studi, questa stella è considerata molto ricca di metalli, il che significa che contiene una quantità relativamente elevata di elementi pesanti nella sua atmosfera. Alcuni degli elementi chimici che sono stati identificati nella sua atmosfera includono idrogeno, elio, carbonio, azoto, ossigeno, silicio e ferro.

Osservazioni spettroscopiche da Westerlund 1-26, suggeriscono che possieda un'abbondanza di ferro in relazione all'idrogenico maggiore rispetto a quello del Sole, o che potrebbe indicare che si forma a partire dal gas enriquecido in metais. Un altro destino, la presenza di carbonio nella sua atmosfera, indica che è passato attraverso un processo di mescolamento convettivo, e che gli elementi più pesanti vengono trasportati dal nucleo alla superficie.

No, poiché le osservazioni attuali non forniscono un'immagine chiara della composizione chimica di Westerlund 1-26 Più studi sono necessari per ottenere una comprensione più completa dell'abbondanza di elementi chimici nidificanti e come può evolversi nel tempo.

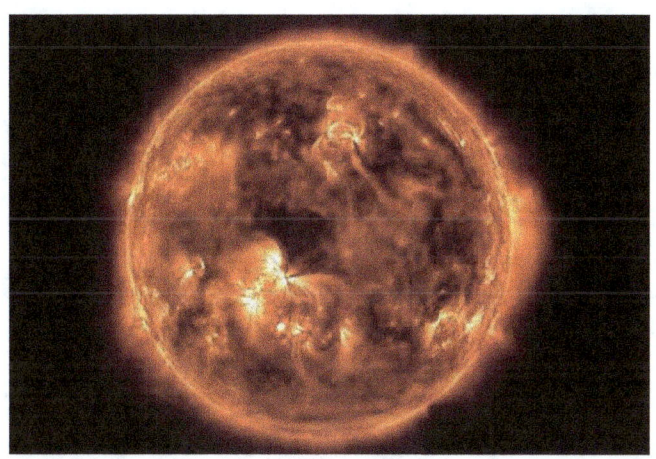

Nell'orbita dell'estremo Westerlund 1-26 al centro del centro di Nebulosa Carina ainda non è stata determinata con precisione. Isso se deve ao fato de que ela está situato in una regione molto densa e turbolenta, rendendo difficile ottenere osservazioni accurate. Além disso, estrela está localização em um agglomerado stellara muito compacto, o que turna ainda mais difícil a determinação da sua orbita.

In relazione alla rotazione, gli studi indicano che ha una rotazione lenta, con una velocità equatoriale stimata di circa 20 km/s. Questo è relativamente basso per una stella con dimensioni eccessivamente grandi e una massa stimata di circa 20 masse solari.

La bassa velocità di rotazione di Westerlund 1-26 può essere spiegata dal fatto che può essere superata da un processo di raccolta del mare con una compagnia estrela in un momento della sua evoluzione. Questo processo si verifica quando due stelle sono vicine l'una all'altra in modo tale che la gravità di una stella influenza una forma dell'altra, sincronizzando le loro rotazioni.

Un altro fattore rilevante è la presenza di un forte campo magnetico sulla sua superficie che può anche contribuire a rallentare la rotazione. Ciò si verifica perché il campo magnetico da terra può esercitare una forza che muove la rotazione da terra, impedendo di girare più rapidamente

Alpha Drivers (Cappella)

A estrela Capella è una stella doppia situata nella costellazione dell'Auriga, situata a circa 42 anni luce dalla Terra. È una delle stelle più brillanti del cielo notturno, con una magnitudine apparente di circa 0,1. La cappella è una gigantesca stella gialla che è circa 2,5 volte più massiccia del Sole e circa 10 volte più luminosa. L'estrela è visibile all'altro e tem sido uma das estrelas mais studiadas pelos astronomos.

A estrela Capella foi nomeada com base em uma palavra latina que significa "piccola capra", riferendosi a se à constelação de Auriga, che rappresenta um coacheiro que segura cabras em seu colo. Una stella Capella è una stella doppia composta da due stelle di tipo G, che orbitano un raggio da fuori a una distanza media di circa 0,74 UA (unità astronomiche). Questa distanza è approssimativamente la stessa distanza tra Sol e Venere.

Ci vogliono circa 104 giorni per completare un giro.
Capella A è un'estrela più brillante del sistema ed è classificata come un'estrela gigante amarela. La sua temperatura superficiale è di circa 4.800 Kelvin e il suo raggio è circa 12 volte il raggio del Sole. Capella B, a segunda estrela do sistema, è più piccola e meno brillante di una estrela A. È anche una stella di tipo G, ma è

classificata come stella subgigante. La temperatura della sua superficie è di circa 5.500 Kelvin e il suo raggio è circa 8 volte il raggio del Sole.

Gli astronomi hanno studiato la stella Capella utilizzando una varietà di tecniche, tra cui osservazioni visive, spettroscopia e interferometria. Come observações spectroscopicas ho mostrato che le stelle Capella A e B sono molto simili nella composizione chimica e nell'età, quindi suggerisco che si formino insieme e si evolvano insieme. Come osservazioni interferometriche avevo rivelato che Capella A aveva un'atmosfera estesa, da cui ci si aspettava una stella gigante.

A estrela Capella tem sido usada como um ponto de referencia para a navega por seculos. Era uma das quatro estrelas conosciuta come "as Estrelas Nauticas", que eram usadas para ajudar os marinheiros a encontrar seu caminho no mar. Inoltre, Capella è spesso usata come stella di calibrazione negli studi astronomici, a causa della sua luminosità nota e della sua relativa vicinanza alla Terra.

Le osservazioni spettroscopiche e interferometriche hanno rivelato molte informazioni sulla stella, tra cui la sua composizione chimica, l'età, la temperatura e le dimensioni. La stella Capella è un oggetto importante sia per l'astronomia che per la navigazione, ed è un ottimo esempio di come le stelle vengono studiate e comprese dagli astronomi.

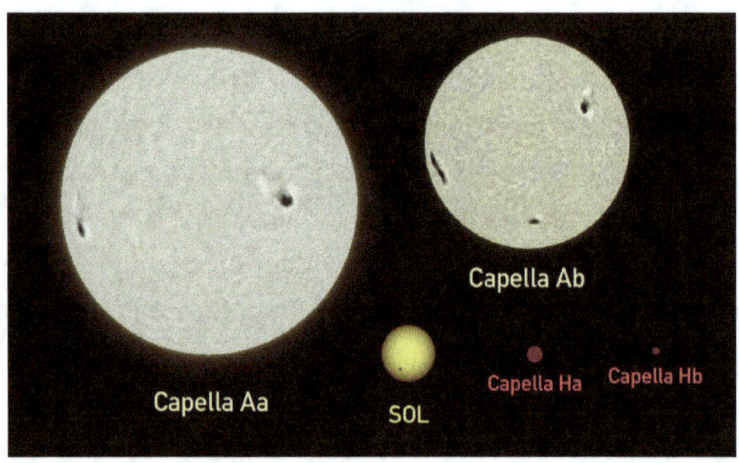

Inoltre, Capella è un sistema stellare molto interessante per lo studio dell'evoluzione stellare. Sebbene le stelle A e B siano molto simili per composizione chimica ed età, hanno dimensioni e temperature diverse, quindi si suggerisce che si siano evolute in modi diversi. As estrelas do tipo G são conjinas por passar por uma fase em que se turnam gigantes vermelhas, expansion-se a tal ponto que podem engolir planetas proximos. Studar Capella può aiutare gli astronomi a capire meglio come le stelle si sono evolute e quassù sono le persone che hanno seguito questa evoluzione

Gli studi spettroscopici della luce emessa dalle stelle hanno rivelato che sono composte principalmente da idrogeno ed elio, che sono gli elementi più abbondanti nell'universo. Inoltre, nelle loro atmosfere sono state rilevate piccole quantità di altri elementi più pesanti, tra cui carbonio, azoto, ossigeno, ferro, silicio, magnesio e altri.

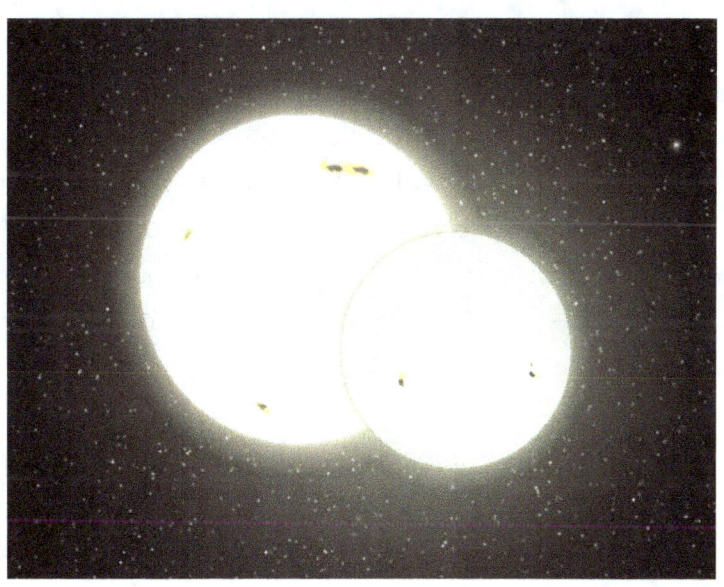

RMC 136a1

A estrela RMC 136a1 è uma das mais notáveis estrelas da nossa galaxia, a Via Lactea. Localizzato su Nebulosa da Tarântula, su Grande Nuvem de Magalhães, a RMC 136a1 è uno degli estremi più massicci e brillanti conjinas, con una massa stimata vicino a 315 volte a massa do Sol. capitulo, presenteremo come caratteristiche principali da estrela RMC 136a1, bem como seu papel na evolución estelar.

Le sue caratteristiche fisiche mostrano che si tratta di una stella Wolf-Rayet, una classe di stelle molto massicce e calde che hanno perso gran parte dei loro strati esterni di idrogeno. Si stima che la temperatura effettiva della stella sia di circa 50.000 Kelvin, tornando a una delle stelle più calde conosciute. Inoltre, una stella possiede una luminosità estremamente elevata, circa 8,7 milioni di volte a luminosità del Sole.

Un RMC 136a1 è un binario estremo, o seja, è composto da due estremi orbitanti attorno a un fiume da fuori. Si stima che una stella compagna sia circa 25 volte la massa del Sole e orbiti attorno a una stella primaria in un periodo di circa 20 giorni.

Questa stella svolge un ruolo importante nell'evoluzione stellare, in particolare nella formazione dei buchi neri. Como uma estrela muito massivea, a RMC 136a1 evolui rapide e estreda seu combustibile nucleare em uma escala de tempo relativamente breve, in comprasione com estrelas menos massives. Quando ciò accade, la stella collassa ed esplode come una supernova, lasciando dietro di sé un residuo stellare.

In questo caso, l'esplosione di una supernova provocherà probabilmente la formazione di un buco nero. Inoltre, RMC 136a1 è anche un'importante fonte di radiazioni ionizzanti nella Nebulosa di Tarantula, o che torna importante per la comprensione della formazione e dell'evoluzione delle regioni II, che sono le regioni idroelettriche ionizzate.

La composizione chimica dell'estrela RMC 136a1 è un'area di indagine in costante evoluzione e l'ainda non è completamente comprensibile. Tuttavia, gli studi indicano che una stella ha una composizione chimica relativamente ricca di elementi pesanti, come carbonio, ossigeno, azoto, silicio e ferro.

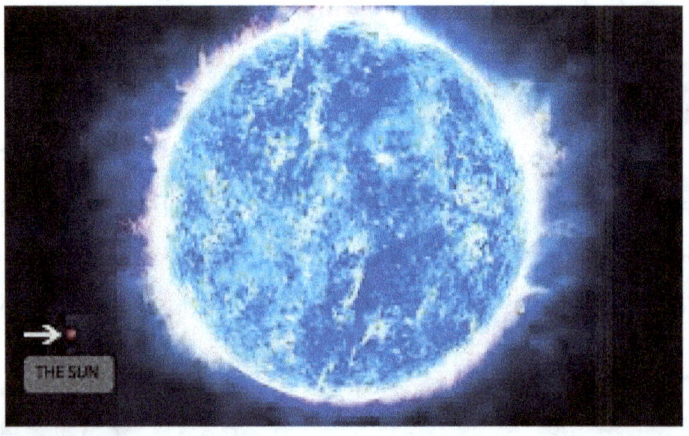

Attraverso l'analisi dello spettro dell'estrela, gli astronomi hanno la capacità di determinare che l'RMC 136a1 possiede un'abbondanza di elio relativamente bassa rispetto alle stelle meno massicce. Inoltre, la stella possiede anche un'abbondanza relativamente elevata di azoto, che è coerente con la sua classificazione come stella Wolf-Rayet.

Un'analisi spettrale suggerisce anche che una stella RMC 136a1 potrebbe essere enriqueda in elementi pesados produtos in supernove, o che è coerente con la sua alta massa e rapida evoluzione. No entanto, mais estudos são necessorios para entender completamente a composizione química da estrela e como ela se relación con la sua evoluzione estarar.

Scudi UY

La stella UY Scuti è un affascinante oggetto astronomico che ha suscitato grande interesse nella comunità scientifica e nel grande pubblico. Trata-se de uma supergigante vermelha situata nella costellazione dello Scutum, le cui caratteristiche fisiche si collocano tra le maggiori stelle conosciute nell'universo.

Secondo le stime attuali, UY Scuti ha una massa circa 30 volte maggiore di quella del Sole e un raggio circa 1.700 volte maggiore. Essas medidas, no entanto, ainda estão sujeitas a qualche incertezza, devido à difficoltà se obter observações precisas de estrelas tantandos. Una distanza em relazione con la Terra è di circa 2912.65 parsec, il che significa che la luce emessa da essa estrela leva più di 9 milioni di anni per arrivare a noi.

Un'analisi spettrale dello scudo UY ha rivelato la presenza di diversi elementi chimici nella sua atmosfera, oltre a idrogeno ed elio, come carbonio, ossigeno, ferro e altri metalli pesanti. Questi elementi sono prodotti attraverso reazioni nucleari nel nucleo della stella e trasportati in superficie da processi convettivi.

L'orbita di UY Scuti nel giro del centro di Via Láctea ainda è poco conosciuta, ma più credibile se si muove su un'orbita ellittica e leve milhões de anos per completare una volta completa In relazione alla rotazione dell'estrela, come osservato indica che essa è un'estrema velocità di rotazione bassa, levando circa 740 giorni per completare una rotazione completa al ritorno di una sola volta. Essere di valore è piuttosto uno svantaggio per una stella dare le sue dimensioni, e poiché le cause del suo aspetto non sono ancora del tutto comprese.

La comprensione della struttura e dell'evoluzione delle stelle come UY Scuti è fondamentale per lo studio della formazione e dell'evoluzione delle galassie e dell'universo nel suo complesso. Além disso, le stelle supergiganti vermelha come essa têm um papel importante no enriquecimento químico do meio interestelar, attraverso l'emissione di elementi pesados produtos in seus nucleos e spaçados pelo espaço por meio de ventos stellares.

Infine, è importante sottolineare che l'osservazione e lo studio di stelle lontane come UY Shields sono fondamentali per ampliare la nostra conoscenza dell'universo e della sua complessità. Nonostante le difficoltà tecniche, i progressi dell'astronomia ci hanno permesso di ottenere informazioni più accurate su questi oggetti, aprendo nuove possibilità di esplorazione dell'universo in cui viviamo.

WO G64

La stella WOH G64 è una supergigante rossa situata nella Grande Nube di Magellano, una galassia satellite della Via Lattea. Con una magnitudine apparente di circa 13, questa stella è molto luminosa e può essere osservata con telescopi amatoriali di dimensioni moderate.

Uma das maiores estrelas knownas, com um raio stimada in torno de 1,500 vezes o raio solar, essa supergigante vermelha é anche molto massiccia, com uma massa stimada in prossimità de 25 vezes a massa solar.

Inoltre, WOH G64 è un'estrema velocità, con un'idea stimata in un giro di 10 milioni di anni. Un'osservazione fornisce informazioni importanti per la comprensione dell'evoluzione stellare. Le supergiganti Vermelha como essa estrela sono le fasi finali dell'evoluzione delle stelle massicce, e fornisco indizi sull'evoluzione delle stelle massicce. Un WOH G64 in particolare, è uno dei più luminosi conoscitori e può fornire informazioni utili per l'evoluzione e starar in condizioni estreme.

Observações com telescopios no espectro visível e inframermelho rivelano le interessanti caratteristiche dell'atmosfera di questa stella. Ad esempio, le osservazioni spettroscopiche hanno rivelato la presenza di uma camada de gás expandida ao redor da estrela, chamada de envoltório circunstellar. Una presenza di questo envoltório sugere che un WOH G64 sta passando da una fase di perdita di massa intensa, con un'espulsione di grandi quantità di gas nel suo ambiente.

Altre osservazioni indicano che questa stella potrebbe essere pronta ad esplodere come supernova. Sebbene non sia possibile prevedere con precisione quando ciò accadrà, suggerirei modelli teorici che ciò potrebbe accadere nel prossimo futuro, in termini astronomici.

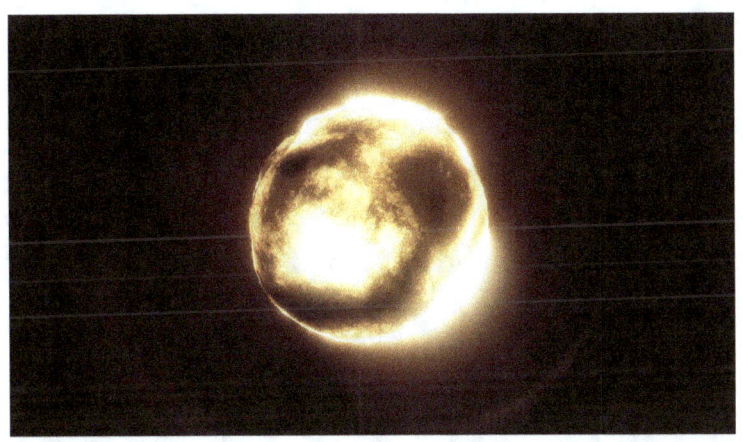

A composición química da estrela WOH G64 è un argomento di studio attivo tra gli astronomi. No entanto, dall'analisi spettrale della stella suggerisce che la sua atmosfera è ricca di idrogeno ed elio, come è comune nelle stelle. Inoltre, sono state rilevate tracce di elementi più pesanti come carbonio, ossigeno e azoto.

As observações spectroscopicas da estrela ha anche rivelato la presenza di alcuni elementi chimici meno comuni nella sua atmosfera. Ad esempio, foram ha rilevato tracce di litio, berillio e boro, che normalmente sono difficili da rilevare estrelas a causa di ao seu baixo teor. Una presenza di questi elementi sugere que a WOH G64 pode ter passado por processes de mistura e enriquecimento químico nella sua evolución estelar un'analisi spettrale da estrela sugere che lei possa essere enriquecida in elementi prototipi per processi nucleari avanzati, come o s-processo eo r-processo. Questi processi avvengono in condizioni estreme, come supernove e collisioni di stelle e neutroni, e producono elementi più pesanti del ferro. La presenza di questi elementi nel pode WOH G64 fornisce indizi sull'origine di questi elementi nelle stelle di massa elevata.

Rigel

L'estrela Rígel è una delle stelle più brillanti visive all'olho nu no céu noturno. Localizzata nella costellazione di Orione, è una stella blu supergigante di classe B con una magnitudine apparente di circa 0,18. La sua posizione no céu noturno faz com que seja facilente identificada por astrônomos amadores e proffesionales.

Il Rígel estremo ha una massa stimata vicino a 23 volte la massa del Sole e un diametro stimato vicino a 78 volte o il diametro del Sole. È un ragazzo eccezionale, con un'idea stimata intorno ai 10 milioni di anni. In confronto, il Sole ha un'età stimata di circa 4,6 miliardi di anni. Rigel si trova a una distanza di circa 860 anni luce dalla Terra.

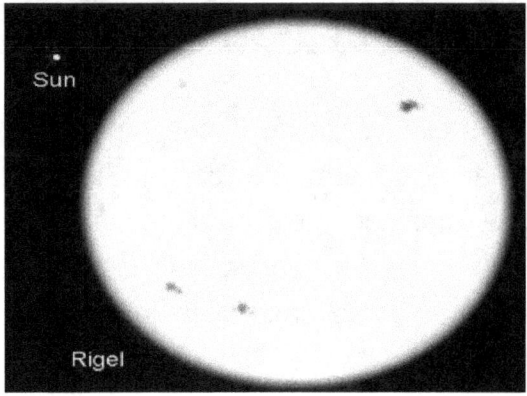

A cor azul brillante da estrela Rigel è indicativo della sua temperatura superficiale relativamente elevata, stimata in circa 12.000 Kelvin. Una temperatura elevata di Rigel significa che emette una grande quantità di radiazioni ultraviolette e visibili. Essa radiação é responsabile pela luminosidad da estrela ed é anche fonte di energia per ionização dos gas no meio interestelar cercinda.

Rigel è una stella variabile, il che significa che la sua luminosità varia leggermente per un lungo periodo di tempo. La variazione della luminosità dell'estremo è causata dalla pulsazione della sua superficie che può essere osservata come cambia la larghezza delle linee spettrali nel suo spettro.

L'estrela Rigel è anche nota per essere un sistema binario, composto da un'estrela principale e una compagna minore. A natureza exata da companheira não é bem compreendida, ma é possibile que seja uma estrela de classe B ou O menor.

Devido à sua brillante luminosità e localizzazione na costellação de Orion, a estrela Rigel tem sido objeto de observação e estudo por astronomos ao longo dos séculos. È un'importante fonte di informazioni sull'evoluzione stellare e sulla fisica stellare in generale.

Una composizione química da estrela Rigel è simile a quella di outras estrelas de sua classe. Come una supergigante blu di classe B, è composta principalmente da idrogeno ed elio, come la maggior parte delle stelle. Tuttavia, contiene anche quantità significative di elementi più pesanti, come carbonio, azoto, ossigeno, silicio e ferro.

Gli elementi più pesanti sono prodotti dalla fusione nucleare nel nucleo della stella, dove le temperature e le pressioni sono estremamente elevate. Durante la vita di una stella come Rigel, è passata attraverso una serie di reazioni nucleari che avrebbero prodotto elementi più pesanti. Quando una stella raggiunge la fine della sua vita, può esplodere in una supernova, disperdendo elementi nello spazio e arricchendo una galassia con elementi che formano pianeti e altre forme di vita.

Un'analisi spettrale della luce emessa dalla stella Rigel può fornire informazioni sulla sua composizione chimica. Attraverso le tecniche della spettroscopia, gli astronomi possono identificare le linee spettrali di diversi elementi nella loro atmosfera e determinare le abbondanze relative di questi elementi.

In generale, a composizione química da estrela Rigel é muito similar à de outras estrelas de sua classe, mas a analiza de suas linhas spectrais pode fornire informazioni importanti sobre a evolución estelar ea formazione de elementos no universo.

L'estremo Rigel ha una velocità di rotazione molto alta, girando nel suo arco di tempo una volta ogni 10,4 giorni terrestri. È vicino a 17 volte più rapido della velocità di rotazione del Sole. A causa della sua elevata velocità di rotazione, Rigel è un estrela achatada nos poles, con un diametro equatoriale circa il 50% maggiore di quello del diametro polare.

L'orbita di questa stella interessa anche gli astronomi. Rigel è un solitario solitario e non fa parte di un sistema stellare binario o multiplo. No, si trova nella costellazione di Orione, che contiene molte giovani stelle luminose e si muove rispetto al nostro sistema solare a una velocità di circa 24,4 km/s.

L'orbita dell'estremo Rigel nel raggio del centro galattico della Via Lactea è stimata in prossimità di milioni di anni. Ciò significa che da quando Rigel si è formato, ha completato circa 4 orbite attorno al centro galattico. A position de Rigel no céu noturno também está in constante mundanza devido ao movimento proprio da estrela no espaço Il movimento proprio è un muenda aparente da posición de uma estrela no céu noturno in relazione ad altre estrelas de fundo, causato dal movimento real da estrela no espaço

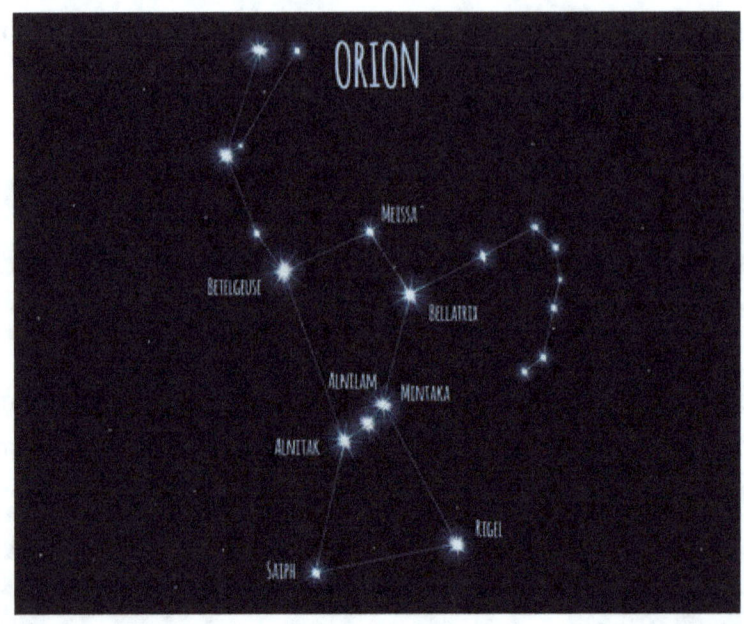

Estrelas Negras

Poiché le stelle nere sono un fenomeno astronomico raramente e intrigante, que tem despertado o interesse da comunidade cientifica. Diversamente dalle convenzioni estreme, le stelle negre non emettono luce visiva e, di conseguenza, sono difficili da rilevare. In questo capitolo si parlerà di cosa sono le stelle nere, di come sono formate da che tipo di carta hanno nell'universo.

Cosa sono le stelle nere? As estrelas negras são estrelas sono estremamente compatte e dense, con una massa così grande che una forza di gravità è in grado di impedire la fuga della luce. Per questo motivo non emettono luce visibile e sono praticamente invisibili ai telescopi convenzionali. La sua esistenza può essere rilevata attraverso due effetti gravitazionali che esercitano su altre stelle e oggetti celesti vicini.

Queste stelle sono formate dall'esplosione di stelle massicce, note come supernove. Durante una supernova, una stella esplode con il nucleo rimanente compresso da una fortissima forza gravitazionale, formando una stella di neutroni. Se a massa da estrela de neutrons for ainda maior, ela pode collapsar ainda mais, forming uma estrela negra.

Estas estrelas têm um papel fundamenta no universo, pois elas são responsabile por manter a stabilitat das gáláxias. La forza gravitazionale delle stelle negre mantiene le stelle e i pianeti vicini alle stelle in orbita, impedendo loro di sfuggire allo spazio intergalattico. Inoltre, poiché le stelle negre possono anche essere una carta importante nella produzione di rios cosmicos e nella formazione di buracas negros.

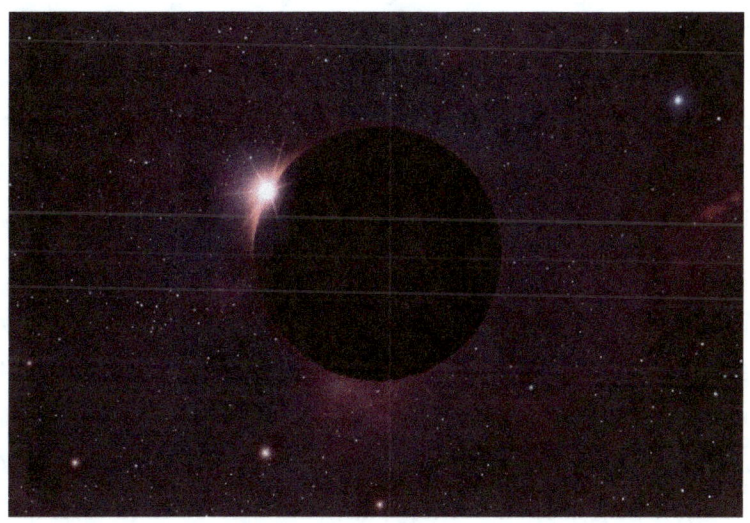

Una stella nera non è necessaria per un orizzonte di eventi, e può o non essere una fase di transizione tra una chiusura in collasso e una singolarità. Una stella nera viene creata quando la materia viene compressa a un tasso significativamente inferiore alla velocità di un'ipotetica particella che cade al centro di questa stella, a causa del destino che i processi quantistici creano la polarizzazione del vuoto, che crea una forma di degenerazione della pressione, prevenindo o espaço-tempo (e come particelle reticate nele) di occupare o mesmo espaço ao mesmo tempo Questa energia è teoricamente illimitata, dalla sua forma abbastanza rapida, fermerà il collasso gravitazionale creando una singolarità. In questo modo si può coinvolgere un taxa ogni volta inferiore al collasso, conduziando a um tempo infinito para o collasso, ou assinoticamente aproximando-se a um raio que não seja zero.

A estrela negra com um raio um pouco maior que o orizzonte di eventi previsto para um burraco negro de massa equivalente, appareia muito obscura visibilemente, porque quase toda a luz produtza retorna para a estrela. Qualquer luz que escapar será severamente afectada pela gravita, gerando svio para o vermelho (anche noto con il termine inglês redshift) nessa luminosidad. Apparirà quasi esattamente come un buco nero.

Caratterizzerà la radiazione di Hawking[8]. Inoltre, creerà una radiazione termica planckiana simile alla prevista radiazione di Hawking equivalente di un buco nero.

---

[8] Esta radiação foi previsa a partir de considerações oteóricas tanto dala teoria della Relatività Generaledai quantoTermodinamica classica. Un ragionamento originale è stato elaborato da uno scienziato israelianoJacob Bekenstein, che Tinha ha suggerito che i buchi neri potrebbero essere usati tre volteentropiabem definito, o que, por sua vez, sugeriria que eles teriam também umatemperaturaaltrettanto ben definito. Per merito di questa previsione, la radiazione di Hawking è, a volte, la camera di radiazione di Bekestein-Hawking.

O interior previsto de uma estrela negra será composto por esse estrano estado de espaço-tempo, com cada estado in profundidad dirigindo-se para dentro, aprecendo da mesma forma que uma estrela negra de massa e raio equivalenti com a cobertura removida Man mano che la temperatura aumenta con la profondità verso il centro.

Stelle di neutroni

Le stelle di neutroni sono uno degli oggetti più affascinanti ed enigmatici dell'universo. Sono i resti compatti di stelle massicce che hanno esaurito il loro combustibile nucleare ed sono entrate nel collasso gravitazionale. A causa della loro incredibile densità, le stelle di neutroni hanno proprietà fisiche estreme che sono di grande interesse per lo studio dell'astrofisica.

Come stelle di neutroni si formano da partir di supernove, che si verificano quando una stella massiccia esaurisce tutto il suo combustibile nucleare e la forza gravitazionale del suo nucleo diventa insostenibile. In quel momento, il nucleo della stella è collassato, formando una sfera di materia estremamente densa, di circa 20 chilometri di diametro. Questa sfera è composta principalmente da neutroni, che sono particelle subatomiche con una carica elettrica, ed è circondata da un'atmosfera di elettroni e protoni.

La densità della materia sulle stelle di neutroni è così alta che c'è un accumulo di calore della sua materia che pesa milioni di tonnellate sulla Terra. Inoltre, mentre le stelle di neutroni ruotano molto rapidamente, con velocità di rotazione di almeno centinaia di volte al secondo. Esse giro rápido é resultado do principio de conservação do momento angular, que faz com que a velocidad de rotação aumente à medida que a estrela encolhe.

Come stelle di neutroni vengono rilevati attraverso la loro emissione di radiazioni elettromagnetiche, che possono essere osservate in diverse bande dello spettro elettromagnetico, compresi i raggi X, i raggi gamma e le onde radio. Questa radiazione è prodotta da vari processi fisici che si verificano nelle stelle di neutroni, come la rapida rotazione, intensi campi magnetici e l'interazione con il materiale circostante.

Una delle proprietà più intriganti delle stelle di neutroni è il loro campo magnetico estremamente intenso, che è migliaia di volte più forte del campo magnetico terrestre. Esse campo magnetico intenso cria uma regiona de plasma ao redor da estrela, connocia como magnetosfera, que interage con o meio interestelar e pode produr emmissions de rádio.

Questi sistemi, come stelle orbitanti attorno a un centro di massa comum e podem, interagiscono gravitazionalmente e attraversano emissioni di radiazioni, producendo effetti complessi e affascinanti.

In quanto stelle di neutroni, possono anche formare sistemi binari con altre stelle, producendo effetti complessi. Lo studio delle stelle di neutroni è essenziale per comprendere la fisica delle alte energie e l'universo come tutto.

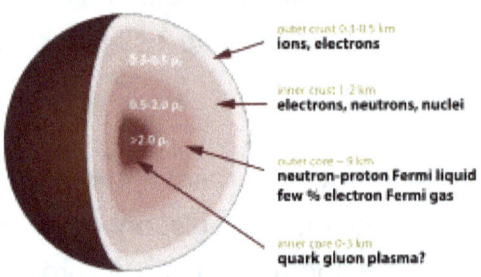

La struttura di una stella di neutroni

Le pulsazioni delle stelle di neutroni sono molto piccole e molto dense. Le pulsazioni possono presentare un campo gravitazionale a 1 miliardo di volte o campo gravitazionale terrestre. Probabilmente sono i resti delle stelle che sono entrate nel collasso o delle supernove. À medida que uma estrela vai perdendo energia, la sua materia si comprime in direzione del suo centro, diventando ogni volta più densa. Più la stella si sposta in direzione del suo centro, più rapidamente gira.

Ne comprerò uno con un flusso costante di energia. Questa energia è concentrata in un flusso di energiaparticelleelettromagneticoche vengono emessi da partir dospoli magneticidare stelle Quando viene allontanato dalla stella, il raggio di energia non viene dispersospazio, come o faise deleggeroDiofaro. Somente quando il covone cadde su aTerraÈ possibile rilevare le ossa pulsanti attraverso i radiotelescopi. La luce emessa dalla luce non farebbe battere i capellispettro visibileÈ così piccolo che non è possibile osservarloguarda no. Solo i radiotelescopi possono rilevare l'energia che emettono.

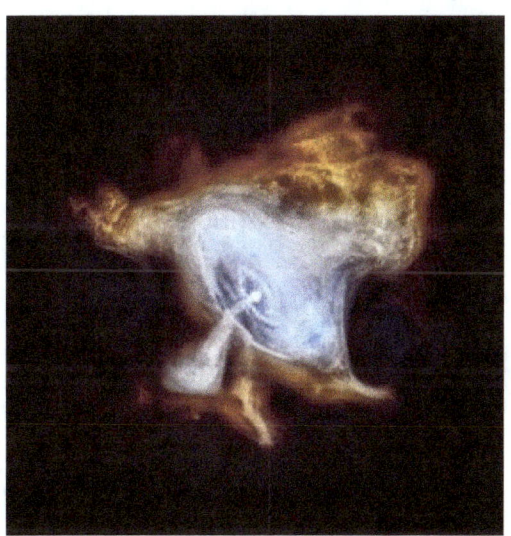

O Pulsar do Caranguejo. Questa immagine combina le informazioni ottiche raccolte da Hubble (in rosso) e le immagini a raggi X di Chandra (in blu).

Oh, sto bussandoPSR 1913+16è un sistema orbitato da stelle di neutroni con una separazione massima di appena un raggiosolaretra gli elas Possiede movimenti rapidi, e come osservazioni indicherò che dal periodo orbitale il sistema dovrebbe diminuire relativamente rapidamente, tendo a vedere o forse segno dionda gravitazionale; dal 1975 il periodo è già diminuito di 10 secondi.

O disco di accelerazione,nessun caso di umasupernovaverificarsi in un sistema binario, una compagnia di supernova in grado di sofferire alcuni danos nelle sue camere superficiali (e mesmo assim continuar sua vita), devido ogni parte del binario gerar um domaine de forza gravitacional proprio in forma di goccia, che è unem forma de "8" che forma un umasuperficie equipotenziale; chamada deLobulus de Roche(tutti i punti presentano lo stesso potenziale gravitazionale). Uma Estrela de Nêutrons si formerà prossimamente a outra estrela vizinha a partir da supernova. Quando una stella vizinha si evolve para umall gigante rossoEsta Preenche O Lóbulo, O or Gas Irá espiralar em direção a estrela de nêutrons viaPonte di Lagrangedo Lóbulo (ponte de balance unstável por onde a materia pode ser transferida). Esse gas que é gado pela estrela de neutrons a causa della sua rotazione, formerà un disco spesso ao redor dela; tale disco è chiamato discoaccrescimento.

L'attrito che esiste tra le camere di gas nelle orbite vicine al lungo disco di accrescimento si leva a perdita di momento angolare e al movimento di coda a spirale in direzione della superficie dell'estrela di neutroni. Il gas a spirale si muove verso il campo gravitazionale dell'estrela di neutroni, quindi la sua energia gravitazionale viene convertita in forma di energia termica all'interno del disco di accrescimento.

Sulla parte interna del disco di accrescimento l'energia gravitazionale si sprigiona con maggiore intensità, raggiungendo una temperatura media di milhões de graus. Un'enorme fonte di energia è ora presente in questa regione, dove c'è una grande emissione di radiazioni, come raggi ultravioletti e raggi X. Una pressione sull'estrela di neutroni può subire un grande aumento se il gas viene trasferito in una quantità relativamente elevata di disco di accrescimento per l'estrela di neutroni; questa forma, dall'energia accumulata, e assim, eventualmente, o gás é expulso da estrela de neutrons, fazendo com que existam forti correnti di gas em sua orbita.

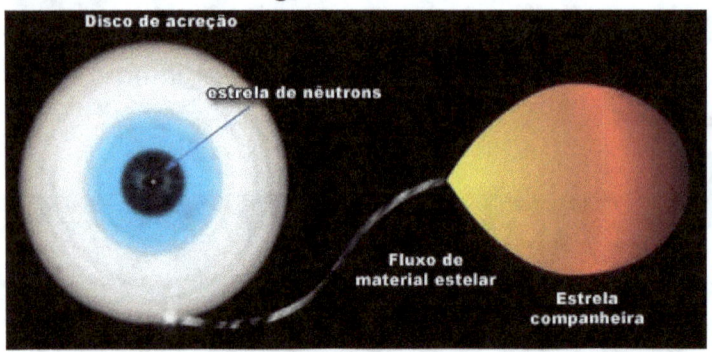

Considerazioni Finali

Ao concludermos este livro sobre as estrelas do universo, possiamo affermare che questi oggetti celesti sono vere meraviglie cosmiche. Sono responsabili della creazione di elementi chimici, della produzione di luce e calore, nonché dei principali elementi che formano le galassie.

Impariamo che come stelle possiamo variare in dimensioni, temperatura, cuore e luminosità, che possono essere significativamente influenzate dal ciclo della vita e dal destino finale. Alcune stelle finiscono per esplodere in supernove, mentre altre stelle possono squarciare buchi neri o stelle di neutroni.

Poiché siamo anche completamente una carta importante nella nostra stessa esistenza, allora siamo responsabili della luce che viviamo durante il giorno, nell'accumulazione del nostro pianeta e nella fornitura di elementi essenziali per la vita, come il carbone e l'ossigeno.

Non entanto, ainda ha muito a ser descovertivo sobre as estrelas eo universo em que vivemos. À medida que a ciência avanda, nuove tecnologie e metodi di ricerca ci permettono di studiare come stelle e comprendere meglio la sua origine, evoluzione e papel no cosmos.

In sintesi, questo libro ci ha mostrato la grandezza e la complessità delle stelle nell'universo e come esse siano essenziali per la nostra comprensione del cosmo e della nostra esistenza.

Riferimenti bibliografici

Anglada-Escudé, Guillem; et al. (agosto 2016). "Un pianeta terrestre candidato in un'orbita temperata attorno a Proxima Centauri". Dalla natura 536 (7617): 437-440. Bibcode:2016Natur.536..437A. doi:10.1038/nature19106

Fornaio, J.; Bizzarro, M.; Wittig, N.; Connelly, J.; Haack, H. (2005). "Fusione planetesimale precoce da un'età di 4,5662 Gir per meteoriti differenziati". Dalla natura 436: 1127–1131. doi:10.1038/nature03882

Barceló, C.; Liberati, S.; Sonego, S.; Viser, M. (2008). "Il destino del collasso gravitazionale nella gravità semiclassica". Physical Review D 77: 044032. doi:10.1103/PhysRevD.77.044032. (in inglese)

Bessa Soares (9 febbraio 2011). Il sole è una sfera perfetta. Più tecnologia. Consultato il 30 giugno 2021

Bonanno, A.; Schlattl, H.; Paternò, L. (2008). "L'età del Sole e le correzioni relativistiche in EOS". Astronomia e astrofisica. 390: 1115–1118. doi:10.1051/0004-6361:20020749

Camenzind, Max (24 febbraio 2007). Oggetti compatti in astrofisica: nane bianche, stelle di neutroni e buchi neri Springer Science & Business Media. P. 269. ISBN 978-3-540-49912-1

Dearborn, David SP (2016). "Tracce evolutive per Betelgeuse". Il giornale astrofisico. 819. 7 pagine. Bibcode:2016ApJ...819...7D. arXiv:1406.3143v2. doi:10.3847/0004-637X/819/1/7

De Warf, LE; Datin, KM; Guinan, EF (ottobre 2010). "Osservazioni a raggi X, FUV e UV di α Centauri B: determinazione del ciclo di attività magnetica a lungo termine e del periodo di rotazione". Il giornale astrofisico. 722 (1): 343-357. Bibcode:2010ApJ...722..343D. doi:10.1088/0004-637X/722/1/343

Dolan, Michelle M.; Matteo, Grant J.; Lam, Don Duc; Lan, Nguyen Quynh; Herczeg, Gregory J.; dos Anjos, Sandra Evoluzione delle stelle nei sistemi binari (PDF) . Istituto di astronomia, geofisica e scienze atmosferiche: Università di San Paolo.

Edward F. Guinan; Richard J. Wasatonico; Thomas J. Calderwood (8 dicembre 2019). "ATel # 13341: Lo svenimento della vicina supergigante rossa Betelgeuse". Il telegramma dell'astronomo. Consultato l'11 gennaio 2023

ESO: Immagine di Eta Carina con una risoluzione maggiore ottenuta ai dati incl. Foto e animazione
Sto studiando per dimostrare che il sole è la sfera più perfetta della natura. www.apolo11.com. Consultato il 30 giugno 2021

G.Wallerstein; I. Iben Jr.; P. Parker; AM Boesgaard; GM Hale; AE Champagne; , CA Barnes; F. KM-dppeler; VV Smith; RD Hoffmann; FX
Tempi; C.Sneden; RN Boyd; BS Meyer; DL Lambert (1999).

Query GCVS=Eta+Auto». Catalogo generale delle stelle variabili @ Sternberg Astronomical Institute, Mosca, Russia. Consultato il 12 novembre 2022

Glendenning, Norman K. (2012). Stelle compatte: fisica nucleare, fisica delle particelle e relatività generale illustrata ed. [SI]: Springer Science & Business Media. P. 1. ISBN 978-1-4684-0491-3 Estratto della pagina

Godier, S.; Rozelot, J.-P. (2000). L'oblateness solare e la sua relazione con la struttura del tachocline e del sottosuolo del Sole (PDF). Astronomia e astrofisica. 355: 365–374. Bibcode:2000A&A...355..365G

Haensel, Paweł; Potekhin, Alexander Y.; Yakovlev, Dmitry G. (2007). Stelle di neutroni. [SI]: Springer. ISBN 0-387-33543-9

Prosciutto, WT Jr.; Mueller, HA; Ruffolo, JJ Jr.; Guerry, D.III, (1980). «La retinopatia solare in funzione della lunghezza d'onda: il suo significato per la protezione

Occhiali". In: Williams, TP; Baker, BN Gli effetti della luce costante sui processi visivi. [SI]: Plenum Press. pp. 319-346. ISBN: 0306403285

Harper, direttore generale; et al. (luglio 2017). "Una soluzione astrometrica aggiornata 2017 per Betelgeuse". Il giornale astronomico. 154 (1): articolo 11, 6 pp. Codice pettorale: 2017AJ....154...11H. doi:10.3847/1538-3881/aa6ff9

Hellerbrock, Raffaele. "O que é uma star de neutrons?. Brasil Escola Cos'è la fisica? Restituisci tutto. Consultato il 21 dicembre 2022

Hitchcock, R.Timoteo; Patterson, Patterson (1995). Energie elettromagnetiche a radiofrequenza ed ELF: un manuale per i professionisti della salute. [SI]: John Wiley e figli. P. 218. ISBN: 9780471284543

Howard RA; Mosè JD; Calcio DG; Dere KP; Cuocere JW (2002). "Sun Earth Connection Coronal and Heliospheric Investigation (SECCHI)". Variabilità solare e missioni di fisica solare Progressi nella ricerca spaziale. 29 (12): 2017–2026

Keenan, Philip C.; McNeil, Raymond C. (ottobre 1989). "Il catalogo Perkins dei tipi MK rivisti per le stelle più fresche". Serie di supplementi per riviste astrofisiche. 71: 245-266. Bibcode:1989ApJS...71..245K. doi:10.1086/191373

Kervella, P.; Mignard, F.; Merand, A.; Thévenin, F. (ottobre 2016). "Chiudere le congiunzioni stellari di α

Centauri A e B fino al 2050. Una stella mK = 7,8 potrebbe entrare nell'anello di Einstein di α Cen A nel 2028". Astronomia e astrofisica. 594: A107, 15.

Kiziltan, Bulent (2011). Rivalutazione dei fondamenti: sull'evoluzione, età e masse delle stelle di neutroni. [SI]: editori universali. ISBN 1-61233-765-1

Lodders, K. (2003). "Abbondanza del sistema solare e temperature di condensazione degli elementi". Giornale astrofisico. 591 (2): 1220.doi:10.1086/375492

Miglio, A.; Montalban, J. (ottobre 2005). «Limitazione dei parametri stellari fondamentali mediante la sismologia. Applicazione ad α Centauri AB". Astronomia e astrofisica. 441(2):615629.   Bibcode:2005A&A...441..615M. doi:10.1051/0004-6361:20052988

Montarges, M.; Kervella, P.; Perrin, G.; Chiavassa, A.; Le Bouquin, J.-B.; Auriere, M.; Lopez Ariste, A.; Mattia, P.; Ridgway, ST; Lacour, S.; Haubois, X.; Berger, J.-P. (2016). «Il vicino ambiente circumstellare di Betelgeuse. IV.

Monitoraggio interferometrico VLTI/PIONIER della fotosfera". Astronomia e astrofisica. 588:A130. Codice

pettorale:2016A&A...588A.130M.   arXiv:1602.05108.
doi:10.1051/0004-6361/201527028

I satelliti della NASA catturano l'inizio del nuovo ciclo solare. PhysOrg (notizie su scienza / fisica). 4 gennaio 2008. Consultato il 10 luglio 2022.
NASA "La curva di luce a raggi X RXTE di Eta Carinae (A Curvatura da Luz em Rayo X de Eta Carinae)

O'Gorman, E.; et al. (agosto 2015). "Evoluzione temporale delle dimensioni e della temperatura dell'atmosfera estesa di Betelgeuse". Astronomia e astrofisica. 580: A101, 11 pagg. Bibcode:2015A&A...580A.101O. doi:10.1051/0004-6361/201526136
Orel, Thierry (agosto 2018). "La composizione chimica di α Centauri AB rivisitata". Astronomia e astrofisica. 615: A172, 22.

Paardekooper, S.-J.; Leinhardt, ZM (marzo 2010). "Collisioni planetesimali nei sistemi binari". Avvisi mensili della Royal Astronomical Society: lettere. 403 (1): L64-L68.

Philips, 1995, pp. 78–79 Revista Pesquisa Fapesp (8 marzo 2012). "Revista indagine Fapesp: Eta carinae, além do eclipse Robrade, J.; Schmitt, JHMM; Favata, F.

(ottobre 2005). "Raggi X da α Centauri - L'oscuramento del gemello solare". Astronomia e astrofisica. 442 (1): 315-321. Bibcode:2005A&A...442..315R. doi:10.1051/0004-6361:20053314

Samus, NN; Kazarovets, EV; Durlevich, OV; Kireeva, NN; Pastukhova, EN (gennaio 2009). "Catalogo dati online Visir: catalogo generale delle stelle variabili (Samus +, 2007-2017)". Catalogo dati in linea VizieR: B/gcvs. Bibcode:2009yCat....102025S

Schutz, Bernard F. (2003). Gravità dal basso verso l'alto. [SI]: Cambridge University Press. pp. 98–99. ISBN 9780521455060

Seidelmann; et al. (2000). Rapporto del gruppo di lavoro IAU/IAG sulle coordinate cartografiche e gli elementi di rotazione dei pianeti e dei satelliti: 2000". Consultato il 22 marzo 2006

risultato della query di base SIMBAD". SIMBAD Consultato il 09 gennaio 2023
Sol. iDicionário Aulete. Consultato il 14 aprile 2010. Archiviato dall'originale il 6 luglio 2022

Le statistiche vitali del sole". Centro solare di Stanford. Estratto il 29 luglio 2008, citando Eddy, J. (1979). Un nuovo sole: i risultati solari di Skylab. [SI]: NASA. P. 37. NASA SP-402

Viser, Matt; Barceló, Carlos; Liberati, Stefano; Sonego, Sebastiano (2009) "Piccolo, oscuro e pesante: ma è un buco nero?", Bibcode: 2009arXiv0902.0346V

Woolfson, M. (2000). "L'origine e l'evoluzione del sistema solare". Astronomia e geofisica. 41. 1.12 pagine. doi:10.1046/j.1468-4004.2000.00012.x
Zeilik, MA; Gregorio, SA (1998). Astronomia introduttiva e astrofisica 4a ed. [SI]: Saunders College Publishing. P. 322. ISBN 0030062284

Zhang, Bing; Xu, RX; Qiao, GJ (2000). "Natura e educazione: un modello per ripetitori di raggi gamma morbidi". Il giornale astrofisico. 545 (2): 127–129. Bibcode:2000ApJ...545L.127Z. arXiv:astro-ph/0010225. doi:10.1086/317889. Consultato il 22 settembre 2021

Zhao, Giglio; Fischer, Debra A.; Birraio, Giovanni; Giguere, Matt; Rojas-Ayala, Barbara (gennaio 2018). "Rilevabilità del pianeta nel sistema Alpha Centauri". Il giornale astronomico. 155 (1): articolo 24, 12.